"十四五"职业教育国家规划教材

责任关怀与安全技术

（第二版）

徐文明 主编
于 海 副主编
开 俊 主审

化学工业出版社

·北京·

内 容 简 介

本书为"十四五"职业教育国家规划教材、"十三五"职业教育国家规划教材，内容包括责任关怀、机电安全技术、化工安全技术和文明生产。

全书以应用为目的，共设计了 24 个课题和 6 个实训项目，涵盖了有关责任关怀、安全技术和文明生产的方方面面，每个课题均设知识目标、能力目标、思政目标，内容简洁、浅显，突出了职业教育的特点。另外，配有在线题库，含有 24 套试卷，扫描二维码即可进行在线测试。

本书适合中等职业教育机电类和化工类学生作为相关教材使用。

图书在版编目（CIP）数据

责任关怀与安全技术 / 徐文明主编；于海副主编
. — 2 版. — 北京：化学工业出版社，2023.7（2024.11重印）
"十四五"职业教育国家规划教材
ISBN 978-7-122-40727-6

Ⅰ. ①责… Ⅱ. ①徐… ②于… Ⅲ. ①安全管理－中等专业学校－教材②安全技术－中等专业学校－教材
Ⅳ. ①X9

中国版本图书馆 CIP 数据核字（2022）第 023393 号

责任编辑：葛瑞祎　刘　哲　　　　　　　　　美术编辑：王晓宇
责任校对：王　静　　　　　　　　　　　　　装帧设计：梧桐影

出版发行：化学工业出版社（北京市东城区青年湖南街 13 号　邮政编码 100011）
印　　装：三河市双峰印刷装订有限公司
787mm×1092mm　1/16　印张 14¼　字数 240 千字　2024 年 11 月北京第 2 版第 2 次印刷

购书咨询：010-64518888　　　　　　　　　　　售后服务：010-64518899
网　　址：http://www.cip.com.cn
凡购买本书，如有缺损质量问题，本社销售中心负责调换。

定　价：39.00 元　　　　　　　　　　　　　　　版权所有　违者必究

第二版　前言

《责任关怀与安全技术》为"十三五"职业教育国家规划教材，本书为其第二版，被评为"十四五"职业教育国家规划教材。

本次修订主要做了以下三个方面的工作。

（1）深入贯彻党的二十大精神，落实立德树人根本任务，在每个课题"知识目标"和"能力目标"的基础上，增加了"思政目标"，将课程思政元素融入每个课题的教学活动中；

（2）对教材中涉及的已修正的相关法律法规内容进行了更新，增加了及时反映新知识、新技术、新工艺和新方法的内容；

（3）在"测试题"的基础上，增加了"在线测试"配套试卷24套，扫描二维码即可进行自我测试。

本书是全国石油和化工职业教育教学指导委员会化工智能控制类专业委员会组织制定的新一轮中职仪电专业的规划教材之一，是中职机电类和化工类专业的通用教材。

全书由四个模块组成，含有六个实训。由上海现代化工职业学院徐文明任主编，河南化工技师学院于海任副主编。上海现代化工职业学院王辉编写了模块一、模块四和实训六，上海现代化工职业学院胡迪君编写了模块三、模块四和实训五，上海现代化工职业学院凌朝晖编写了模块一、模块四和实训一，于海编写了模块二、模块三和实训二，徐文明编写了模块一、模块二和实训三、实训四并负责统稿。参加本书编写的都是在职业院校从事教学和研究的一线教学人员。安徽理工学校开俊担任主审。

全国石油和化工职业教育教学指导委员会化工智能控制类专业委员会在编写和统稿过程中提出了诸多宝贵意见和建议，中国石化催化剂有限公司首席技师徐会坤对本书的编写给予了极大的支持和帮助，在此一并表示感谢。

限于编者水平，书中难免会有不妥之处，敬请读者批评指正。

编者

目录

模块一 责任关怀 001

课题一　认识责任关怀 002
　　　•测试题 1_1 012

课题二　健康 014
　　　•测试题 1_2 021

课题三　安全 023
　　　•测试题 1_3 032

课题四　环境保护 034
　　　•测试题 1_4 040

课题五　三废危害及预防 042
　　　•测试题 1_5 051

课题六　安全色和安全标志 053
　　　•测试题 1_6 059

实训一　安全色和安全标志设置 .. 061

模块二 机电安全技术 064

课题一　机械危险及对策 065
　　　•测试题 2_1 070

课题二　触电防护技术 072
　　　•测试题 2_2 081

课题三　静电防护 084
　　　•测试题 2_3 094

课题四　高处作业规范 096
　　　•测试题 2_4 105

课题五　受限空间作业安全技术 .. 106
　　　•测试题 2_5 112

课题六　火灾应急方法 114
　　　•测试题 2_6 123

实训二　灭火器的选择与使用 125

课题七　现场急救技术 128
　　　•测试题 2_7 136

实训三　心肺复苏 137

实训四　止血与包扎 140

模块三 化工安全技术　142

课题一	危险化学品	143
	·测试题 3_1	151

实训五　危险化学品信息识读与应用　153

课题二	工业毒物危害及防护	155
	·测试题 3_2	159
课题三	燃烧和爆炸	161
	·测试题 3_3	166
课题四	化工防火防爆技术	168
	·测试题 3_4	173

 模块四 文明生产　174

课题一	安全生产法律法规	175
	·测试题 4_1	180
课题二	清洁生产	182
	·测试题 4_2	187
课题三	事故管理	189
	·测试题 4_3	193
课题四	粉尘危害及防护	195
	·测试题 4_4	198
课题五	噪声危害及防护	199
	·测试题 4_5	203
课题六	其他危害及其预防	205
	·测试题 4_6	209
课题七	个人防护用品	211
	·测试题 4_7	218

实训六　个人防护用品的选择与使用　220

参考文献　222

模块一
责任关怀

课题一　认识责任关怀

【知识目标】
1. 了解责任关怀的起源。
2. 熟悉责任关怀的原则要求。
3. 了解责任关怀实施过程中的七项准则。

【能力目标】
1. 能说出责任关怀的重要性。
2. 能论述责任关怀实施的步骤与做法。

【思政目标】
1. 通过学习责任关怀的理念,关注全球化工行业的可持续发展。
2. 明晰可持续发展在当今社会对经济、生态和社会三方面的要求。

案例分析 I

2014年6月,在国际化学品制造商协会(Association of International Chemical Manufacturers,AICM)主办的"恪守责任,共创未来"活动中,包括索尔维、巴斯夫、陶氏、塞拉尼斯、凯米拉、拜耳、伊士曼、赢创德固赛、朗盛等40多家化工企业重申了"责任关怀"的承诺。他们表示将通过各种形式推动中国绿色环保的发展。

2008年,AICM成员在北京签署了《责任关怀北京宣言》。"责任关怀"是全球化工行业的自发行动,参与企业通过各国的化工行业协会,与各利益方沟通协调,协力提高其在产品和生产工艺环节中的健康、安全和环保水平,承担应尽的社会责任。经过6年的发展,成员企业在中国践行其社会责任,同时也见证了中国经济向着更注重绿色环保的可持续方向发展。

AICM主席Jeremy Burks先生表示,很高兴地看到会员企业无论在自身业务发展战略方面还是履行企业社会责任方面,都能够准确地进行自我定位,他坚信,未来他们一定能够更好地推动与履行"责任关怀"

承诺，获得更具可持续性的发展成果。

化学品制造商践行社会责任，推动中国绿色环保的发展主要有三个方面：首先是在企业内部做好环保节能措施，成为节能环保的标杆企业，同时与上下游合作商一起，推动节能材料、工艺的研发；其次是参与到中国经济发展中，通过开发节能环保产品，提升节能环保工艺技术；最后是结合跨国公司的优势，将欧美国家的成熟经验带到中国，也将欧美国家一些失败案例分享，以提升中国企业践行绿色环保的质量，同时积极参与到相关政策的制定之中。

一 责任关怀的起源

1984年12月3日凌晨，在印度博帕尔市的美国联合碳化物公司农药厂发生了毒气泄漏事故，近40t甲基异氰酸酯（MIC）及其反应物在短时间内冲向天空，随着7.4km/h的西北风，向东南方向飘去，刹那间毒气弥漫，覆盖了市区大部分。高温且密度大于空气的MIC蒸气，在当时17℃的大气中，迅速凝聚成毒雾，贴近地面层飘移。有些人因中毒，在睡梦中离开了人世，而更多的人被毒气熏呛后惊醒，涌上街头。人们被这骤然降临的灾难弄得晕头转向，不知所措。博帕尔市顿时变成了一座恐怖之城，惨不忍睹。短短的几天内死亡2000余人，有20多万人受伤需要治疗。一星期后，仍有平均每天5人死于这场灾难，孕妇流产、胎儿畸形、肺功能受损者不计其数。

据统计，本次事故造成了2.5万人直接致死，55万人间接致死，另外有20多万人永久残疾，经济损失巨大，震惊了整个世界。各国化工行业有关组织纷纷进行安全检查，清除隐患，但是在人们的心中，对化工行业的恶劣阴影已经挥之不去。如何改变化工企业在社会公众中的形象，已成为各国化工企业共同关注的问题。

在这样的背景下，1985年，加拿大政府首先提出了"责任关怀"的企业理念。其宗旨是化工企业自愿承诺，不断改善健康、安全和环保状况。企业应不断改善作业环境和劳动条件，确保员工的安全与健康。企业提出了"零事故"和"零排放"的口号，从最高管理者到每个作业工人，人人关心"责任关怀"，人人按"责任关怀"的准则去做。"责任关怀"这一企业理念很快被美国采纳，并迅速在欧洲各大型跨国化工公司得到推行，目前已在全球52个国家和地区实施。"责任关怀"企业理念的推行，对促进全球化工行业的可持续发展具有十分重要的意义。经过 30 多年的推广和实践，"责任关怀"已不仅仅是一系列的规则和口号，而是通过信息分享、严格的检测体系、运行指标和认证程序，使化学工业向世人展示其在健康、安全和环境改进方面乃至推动工业发展等方面所取得的成就。更为重要的是，企业通过推行"责任关怀"，既可为自身树立良好的企业形象，也可为化学工业在公众中树立良好的行业形象。

二 责任关怀的概念与内涵

"责任关怀"是针对化工行业的特殊性而提出的一种企业理念。它是一种自发的自律行为，是自愿的承诺，并没有任何人或法律法规的强制性，主要体现在健康、安全和环保三个方面。实施"责任关怀"的企业，应充分意识到对附近社区、社会公众，对环境保护及员工的健康、安全是负有责任的。

可持续发展是社会经济发展的基础，也是企业成长不可缺少的一个重要方面。可持续发展旨在平衡当今社会对经济、生态和社会三方面的要求，并且不应损害子孙后代的发展机会。实施"责任关怀"的企业，都承诺把可持续发展的原则作为本企业的主要目标，并一直致力于实施这一原则。企业决不能把经济利益凌驾于健康、安全和环保之上，并要确保其实施"责任关怀"的投入。

三 责任关怀的原则要求

全球化学工业通过实施"责任关怀"，可以使其生产过程更为安全有效，从而为企业创造更大的经济效益，并且可以最大限度地取得公众信任，实现全行业的可持续发展。

责任关怀的主要原则有以下七个方面。

① 不断提高化工企业在技术、生产工艺和产品中对环境、健康和安全的认知度和行动意识，从而避免产品生产周期中对人类和环境造成损害。若企业对于化学品对健康、安全和环境的影响没有认识或认知度不高，作业人员的安全意识不强，那么这个企业的生产过程将处于盲目状态，在此种状态下，不可避免会发生安全事故，造成人员伤亡，财产损失，环境污染。

② 充分地使用能源，并使废弃物达到最小化。任何化工生产都需要能源，没有能源则机器不能开动，生产活动无法进行。任何化工企业只要进行生产活动，就会有"三废（废气、废水、固体废弃物）"产生。

实施"责任关怀"的企业要树立"零排放"的理念。对"三废"要妥善处理、充分利用。有的企业经过创新研究，将废渣作为生产另一种产品的原料，这就变废为宝。有的企业将废水充分净化处理，循环利用，真正做到废水"零排放"，既节约了资源，又降低了成本。

③ 公开报告有关行动、成绩和缺陷实施。实施"责任关怀"的企业对自己的有关行动、取得的成绩和存在的缺陷，应向企业员工和社会相关方都予以公开。在"责任关怀"的七项准则中，每项准则的管理要素中都有一项管理评审要素。管理评审就是要求企业定期（一般要求一年）对"责任关怀"的方针、目标及各项管理制度、行动措施进行评价，肯定成绩，找出缺陷和不足，最后形成书面的评审报告。这份报告要提供给企业的最高管理者，作为修改下一年度管理制度的依据。

④ 倾听、鼓励并与大众共同努力以达到理解和主张他们关注和期望的内容。实施"责任关怀"的企业要组织周围社区和社会公众的代表到企业来，与他们沟通和交流。首先要介绍本企业在生产中使用到的原料、生产的产品、半成品、废弃物有哪些危害因素，然后说明本企业采取的防范措施和应急措施。企业还要倾听公众对企业所关注问题的意见和建议。企业与公众要共同努力，采取有效措施，力争取得最好效果，以达到他们所期望的要求。

⑤ 与政府和相关组织在相关规则和标准的发展和实施中进行合作，更好地制定和协助实现这些规则。

⑥ "责任关怀"是自律的、自发的行为，但在企业内部又是制度化、强制性的行为。"责任关怀"不是政府或某个组织、某部法律要求企业去推行的，而是企业自愿的、自发的行为。在企业管理层，"责任关怀"是一种态度、一种理念，教育、宣传、评价的成分多一些。但在基层，责任关怀的准则就是日常的、必须执行的行为，也可以说是具有强制性的。责任关怀的七项准则是非常具体的，基本上包含了某一产品所涉及的与健康、安全、环保有关的所有细节。

企业还要根据准则的要求，制定相应的制度，以制度保证准则的落实、执行。还包括客户使用企业的产品，可能会存在什么危害，针对这一危害企业要有哪些建议，如果客户非正常使用，就不能把该产品卖给他，因为它有潜在的危险。什么都做到了，如果还是发生了安全事故，该怎么办？还要有一个应急响应预案，要和社区、社会公众对话。只有通过七项准则的具体执行和落实，各种情况才能监管到位。

⑦ 与供应商、承包商共享责任关怀的经验和声誉，并提供帮助以促进责任关怀的推广。化工企业的生产和经营离不开供应商、运输商和承包商。企业生产所需的原材料、机械设备都需要供应商供给；原材料和产品的运输需要运输商来承担；生产设备的安装、检修和技术改造，需要承包商进入企业施工。实施"责任关怀"的企业，如果只是把自身的健康、安全和环保工作做好了，是远远不够的。如果供应商提供了不合格产品，利用这种产品作原料生产出的产品质量不仅没有保障，还存在很大的隐患，很有可能发生安全事故。

同样，如果运输商和承包商没有做好健康、安全和环保的管理工作，存在事故隐患，很可能引发安全事故，给企业造成巨大损失。因此化工企业在选择供应商、运输商和承包商时，一定要特别谨慎，最好选择已开展"责任关怀"的企业，即使他们没有推行责任关怀，也应该是在 HSE❶（图1.1）各个方面做得比较好的企业，与他们共享"责任关怀"的经验，并给他们提供帮助，促进他们推行"责任关怀"。

▲图1.1　HSE 管理流程

四 责任关怀的实施准则

责任关怀的实施准则有七项，准则是对实施"责任关怀"的企业在各个方面的管理工作中比较具体的要求。企业要根据这些要求制订本企业的管理制度和实施计划，以保证准则的落实和执行。

1. 社区认知准则

社区认知准则是规范化工企业在推行责任关怀的过程中进行的社区认知管理工作。它是通过必要的信息交流与沟通，不断提高社区对企业的认知水平，从而使企业与社区共同创建一个和谐友好的氛围。该准则适用于化工企业在生产和经营过程中的全部活动所可能涉及的社区认知管理，充分体现社区的知情权。

---

❶ HSE 指健康（Health）、安全（Safety）、环境（Environment）。

2. 应急响应准则

应急响应准则是规范化工企业在推行责任关怀过程中进行的应急响应的各项管理。通过应急响应准则的实施，使企业一旦发生事故能立即进行快速应变和有效处理，将事故的损失降低到最低程度。这种应急响应包括企业内部的和周边社区的、社会公众的。它要求企业有应急响应管理机构，建立机制，编制预案，制订计划，从而建立起整套应急救援体系，能真正发挥其应急救援的作用。

3. 储运安全准则

储运安全准则是规范化工企业在推行责任关怀的过程中对化学品的储运安全管理工作。它包括了储存、运输、转移（装货和卸货）等各个阶段。它适用于化学品（包括化学原料、化学制品及化学废弃物）经由公路、铁路、航空及水路等各种形式运输及其储存活动的全过程，确保化学品在储运过程中对人和环境可能造成的危害降低到最低程度。

4. 污染防治准则

污染防治准则是规范化工企业在推行责任关怀过程中进行的环境保护管理工作。它要求企业最大限度地避免、减少或控制任何类型污染物的产生、排放或废弃。它适用于企业在生产和经营过程中全部活动的防治污染的全过程，以防止企业一切活动中对环境的负面影响。

5. 工艺安全准则

工艺安全准则的目的是规范企业的生产活动，防止化学品泄漏，预防爆炸、火灾和伤害的发生或对环境产生负面影响。它适用于化工企业在生产活动中的工艺安全管理，包括在企业创建阶段选择先进的、合理的工艺路线，建造的厂房符合安全设计规范的要求，生产设备符合国家有关标准的要求，制定符合和达到工艺路线及各项参数指标要求的安全操作规程与安全检修规程等。

6. 员工健康安全准则

员工健康安全准则的目的在于规范化工企业推行责任关怀而实施的安全管理和职业卫生管理，规范员工和外来工作人员、参观学习人员的安全行为和卫生行为。它要求企业采取一切可靠有效的措施消除或控制风险，避免伤亡事故发生，采取有效的预防措施消除或减少职业病危害因素可能造成的危害，以防止职业病的发生。

7. 产品安全监管准则

产品安全监管准则是规范化工企业在推行"责任关怀"过程中进行的产品安全监督管理工作。它适用于化学品生命周期的所有阶段。企业对化学品生命周期中每一个环节所涉及的人身健康和环境风险承担责任。企业应采取合理的判断，将准则应用于其产品、客户与业务之中，从而确保化学品在整个生命周期中（包括研发、生产、储运、经营、使用、废弃物处置等）对人员和环境可能造成的伤害降至最低程度。

五 实施"责任关怀"的步骤与做法

在化工企业实施"责任关怀"要经过三个阶段：一是启动阶段；二是实施阶段；三是管理评审与持续改进阶段。具体分为 9 步完成一个 PDCA［计划（Plan）、实施（Do）、检查（Check）、行动（Act）］循环，如图 1.2 所示。

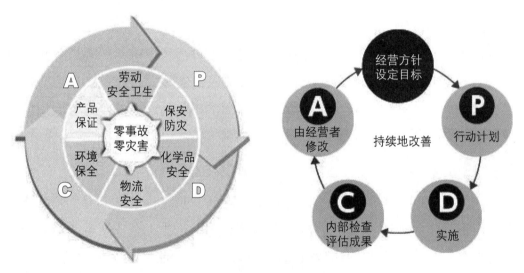

▲图1.2 PDCA 循环

1. 决策与承诺

化工企业推行"责任关怀"理念，首先要由最高管理层（如董事会等）召开会议集体决策，并要作出承诺，为实施"责任关怀"需要的人才、资金等予以保障和支持。

2. 最高管理者签署承诺书

最高管理者签署的承诺书是最高管理层承诺的必要形式，应予以公布并存档，作为以后行动的依据文件。应保证提供实施"责任关怀"过程中所需的各种支持，并参与推广和实施"责任关怀"的统一行动。

3. 设立推行"责任关怀"的管理机构

企业内部应设立负责推行"责任关怀"的管理机构，或明确负责此项工作的现有管理部门，但必须设专职管理人员。

4. 制订"责任关怀"的方针和目标

企业应对本企业的健康、安全和环保工作的基础状况进行一次先期的评估。根据评估结果，制订企业的"责任关怀"方针。依据方针总的要求，制订出各项工作目标。

5. 制订"责任关怀"的实施计划与管理制度

企业应根据工作目标制订"责任关怀"的实施计划，内容包括具体措施、时间表、责任部门和责任人。

为了保证计划的落实，还必须制订出相应的管理制度。

6. 实施

根据七项准则的要求和实施计划，在企业内全面实施"责任关怀"，首先应进行全员培训，让每个部门和全体员工认知"责任关怀"，了解本企业的目标和实施计划、本部门及个人的职责、如何行动。

7. 检查与绩效考核

检查计划的执行情况，检查执行准则存在的问题与不足，予以纠正。绩效考核是"责任关怀"实施一个阶段以后，对准则的执行进行综合考核，提出进一步完善准则的措施，不断提高健康、安全和环境的管理绩效。

8. 管理评审

企业应建立评审制度，成立评审小组，明确评审目的，制订评审计划，每年进行一次评审活动，并要写出评审报告。

9. 持续改进

企业的"责任关怀"评审报告书要上报最高管理层，并公开发表。最高管理层依据评审报告书提出的问题，进行持续改进，修改工作目标，修改规章制度，对不适应的预防措施做进一步修正，为下一年"责任关怀"的实施再上一个新台阶做好准备。

案例分析 II

巴斯夫股份有限公司（简称"巴斯夫"）作为责任关怀行动发起者之一，2006年正式签署了由国际化工协会联合会（International Council of Chemical Associations，ICCA）制定的《责任关怀全球宪章》，旨在通过信息共享建立严格的现场检查、绩效评估与审核系统，帮助化工行业逐步提高环境、健康与安全表现。2014年11月20日，巴斯夫荣获中国石油和化学工业联合会颁发的责任关怀组织奖，是唯一获得这项殊荣的跨国企业。

安全为本，实施责任关怀管理体系。巴斯夫深知，对于一家化工公司来说，实现安全生产和运输是首要责任。多年来，巴斯夫始终以安全为本。早在2007年，巴斯夫就开始实施责任关怀管理体系，并在全球执行统一标准。巴斯夫责任关怀管理体系涵盖以下实践准则。

● 产品安全监管

从研发到生产，最后到客户的应用和弃置，巴斯夫全程关注产品的安全性。巴斯夫为客户和公众提供关于其化学产品的丰富信息，以及30多种语言（包括中文）的产品安全技术说明书。其目的是确保化学产品在其整个生命周期内都符合安全标准。

巴斯夫持续监控并遵守《全球化学品统一分类和标签制度》的实施。该制度是一套由联合国制定的化学品分类和标签系统，基于健康、物理与环境危害等特定标准对化学品进行分类。不仅如此，巴斯夫还将所有最新的法规要求纳入了产品安全信息系统，以确保中文的产品安全技术说明书和产品安全标签符合中国的法规要求。在巴斯夫内部，公司实施全球贸易合规控制系统，它是巴斯夫内部实施的合规检查与控制制度，用以保护和支持商业活动。

● 物流安全

巴斯夫的运输及仓储安全法规和措施主要涵盖了原材料运输，生产基地与客户之间的化学品存储与分销，以及废物从公司的生产基地到处置设施的运输。巴斯夫制定并持续更新在自有仓库及租赁仓库中运输和存储化学品的集团导则。

除了对自身物流安全的严格把控，巴斯夫在全球对所有物流服务供应商提出了统一的规定,并在安全和质量方面对其进行评估。中国的物流服务供应商还定期参加巴斯夫的安全培训。巴斯夫持续评估高危原材料在运输过程中的风险。如果在采取各种预防措施后仍发生意外事故,巴斯夫可在世界各地提供快速专业的协调援助。

● 职业健康与安全

巴斯夫非常重视员工的安全和健康,"我们在安全方面从不妥协"一直是巴斯夫的核心价值观之一。作为一家可持续发展的化工公司,巴斯夫不仅要求公司员工,而且要求承包商员工更加严格地执行安全规范。为了最大限度地降低风险,营造更安全、健康的工作环境,巴斯夫提供了各种有效的职业安全管理工具,例如危害识别、作业风险评估及标准化操作流程等并要求在巴斯夫工作的全体人员(包括在巴斯夫提供服务的劳务人员和承包商)报告任何事故、潜在危害和不安全状况。所有事故都将录入全球事故数据库,这有助于巴斯夫识别潜在的薄弱环节并采取有效的改进措施。大中华区各生产基地的 EHS 经理每月通过电话会议分享全球各地的事故,吸取教训,避免事故发生。

● 工艺安全

巴斯夫工艺安全准则旨在确保工厂安全,防止发生火灾、爆炸、化学品意外泄漏及其他危险事故,以保护操作人员及周边环境。该准则从工艺设计开始,贯穿于整个操作过程以及日常维护,推动公司识别安全薄弱环节,以不断提高自身安全绩效。

在设计新装置时,巴斯夫采用了一套 5 步骤安全健康环保审查体系,贯穿于新装置规划和建设的各个阶段,从项目概念到装置试车的整个过程都考虑了环境、健康、安全相关的重要因素。公司利用风险矩阵来评估事件发生的可能性和潜在的影响,并确定相应的保护措施。

● 社区意识和应急响应

应急响应是责任关怀管理体系的准则之一。这一准则意味着员工为公司可能发生的事故做好应有的准备,适用于产品生产、储存和运输的整个过程。巴斯夫在全球工厂和基地实行应急响应准则。巴斯夫应急响应管理体系与巴斯夫全球的公司、客户、邻居和社区休戚相关。一旦发现事故或潜在危险,巴斯夫的每位员工都有义务在第一时间告知相关部门。

危险预防系统只有在员工予以重视的情况下才能有效运行，因而巴斯夫在大中华区每年都组织针对员工的安全培训，涵盖急救、灭火等基本技能，现场事故管理小组的成员还需额外接受常规的危机管理培训。此外，巴斯夫还定期在生产基地进行消防演习，检验应急系统的有效性，确保每位员工知道如何应对紧急情况，不断地提高安全意识。

● 污染防治

巴斯夫致力于提高能源利用效率及保护全球气候。为此，公司建立了高能效的生产工艺，并采用高效技术生产产品。此外，通过与业务伙伴的合作，巴斯夫努力减少产品在整个价值链中的排放。

睦邻为重，积极与所在社区沟通。社区认知是责任关怀的重要组成部分。积极与所在社区沟通，保持信息透明，坦诚对话，承担社会责任是企业获得经营许可的基础。作为一家化工企业，巴斯夫深知自身对周边邻居负有的责任。为此，巴斯夫在全球建立了 84 个社区咨询委员会（CAP），其中大部分位于大型生产基地。CAP 主要由居住在化工基地附近的居民或当地社区机构代表组成，它为居民与基地管理层之间的坦诚、开放交流提供了平台。作为一个独立机构，CAP 代表了当地社区的利益。巴斯夫在定期会议上与 CAP 讨论邻居和所在社区所感兴趣的问题，比如投资、教育、噪声和粉尘等。

小结

1. 责任关怀的原则要求（7 项）。
2. 责任关怀的实施准则：社区认知准则、应急响应准则、储运安全准则、污染防治准则、工艺安全准则、员工健康安全准则、产品安全监管准则。

测试题 1_1

一、选择题

1. 中国负责推行责任关怀的机构是（　　　）。

   A. 中国石油天然气集团有限公司　　B. 应急管理部

C. 生态环境部 　　　　　　　　D. 中国石油和化学工业联合会

2.（　　　）是 HSE 管理体系的基础和核心。

A. 目标管理 　　　　　　　　B. 应急管理

C. 危害辨识 　　　　　　　　D. 危害辨识与风险评价

二、填空题

1. _____年在加拿大产生了"责任关怀"的企业理念。

2. _____是化工行业针对自身的发展情况提出的一套自律性的，持续改进环保、健康和安全绩效的管理体系，通过管理最终达到零_____、零_____、零伤亡、零财产损失的目标。

3. _____是化工发展的主要方向。

三、简答题

1. 实施"责任关怀"的企业都有哪些承诺？

2. 化工"责任关怀"的实施准则指的是什么？

参考答案

测试题1_1 参考答案

在线测试

▶ 在线题库-【试卷1_1】◀

课题二 健康

【知识目标】
1. 了解法定职业病。
2. 掌握衡量健康的 10 条标准。

【能力目标】
1. 能进行职业病的预防。
2. 能避免不良生活方式。

【思政目标】
1. 具有职业病的预防意识。
2. 养成积极锻炼身体、热爱生活的良好生活习惯。

案例分析

东莞塘厦镇有一家屏幕厂，某段时间发现员工陆续出现四肢无力、麻木等病症，陆续有 10 名员工疑似正己烷中毒，住进东莞市职业病防治中心治疗。

出现病症的员工均在屏幕厂生产部工作。主要的生产环节为：用抹布蘸上一种名为"抹机水"的液体，擦拭屏幕外表，一方面可清洁，另一方面这种液体很快干燥，方便贴膜等生产工序。此"抹机水"的实际成分为正己烷。正己烷进入人体后，主要侵害神经系统，造成多发性周围神经病变，使人出现四肢无力、麻木等病症。正己烷中毒的治疗目前没有特效的解毒药，只能对症治疗，主要通过针灸理疗、营养神经药物和功能锻炼来对症治疗。从医学上来讲，正己烷中毒分轻度、中度和重度中毒，这些员工多为轻度中毒，少数为中度中毒，对症治疗后能够恢复，一般不会留下后遗症。

职业病的诊断有十分严格的调查和集体诊断的过程，要求确定员工病症和职业环境有直接的因果关系。案例中陆续入院的员工均已诊断为疑似正己烷中毒，院方按照规定，将这一情况上报给了东莞市安全监管、卫生等相关部门。

一 法定职业病

职业病是指企业、事业单位和个体经济组织等用人单位的劳动者在职业活动中，因接触粉尘、放射性物质或其他有毒、有害物质而引起的疾病。

劳动者在劳动过程中，接触生产中使用或产生的有毒化学物质，粉尘气雾，异常的气象条件，高、低气压，噪声，振动，微波，X射线，γ射线，细菌，霉菌；长期强迫体位操作，局部组织器官持续受压等，均可引起职业病，一般将这类职业病称为广义的职业病。对其中某些危害性较大，诊断标准明确，结合国情，由政府有关部门审定公布的职业病，称为狭义的职业病，或称法定（规定）职业病。本书中的职业病没有特别说明的均指法定（规定）职业病。

并不是所有的职业病都能称为法定职业病，要构成法定职业病，必须具备四个要件：

① 患病主体必须是企业、事业单位或者个体经济组织的劳动者。

② 必须是在从事职业活动的过程中产生的。

③ 必须是因接触粉尘、放射性物质或其他有毒、有害物质等职业病危害因素而引起的，其中放射性物质是指放射性同位素或射线装置发出的α射线、β射线、γ射线、X射线、中子射线等电离辐射。

④ 必须是国家公布的职业病分类和目录中所列的职业病。

上述四个要件中，缺少任何一个要件，都不属于法定（规定）职业病。

政府规定，诊断为法定职业病的，须由诊断部门向卫生主管部门报告；职业病患者，在治疗休息期间，以及确定为伤残或治疗无效而死亡时，按照国家有关规定，享受工伤保险待遇或职业病待遇。

二 职业病相关法律

《中华人民共和国职业病防治法》最早于2001年10月27日第九届全国人民代表大会常务委员会第二十四次会议通过，目的是"为了预防、控制和消除职业病危害，防治职业病，保护劳动者健康及其相关权益，促进经济发展"。2018年12月29日第十三届全国人民代表大会常务委员会第七次会议进行了第四次修正。这部法律中确立了职业病防治法律制度，为职业病防治提供了法律保障，其内容包括以下几个方面：

- 前期预防；
- 劳动过程中的防护与管理；
- 职业病诊断与职业病病人保障；
- 监督检查；
- 法律责任。

《中华人民共和国职业病防治法》规定了用人单位、劳动者、职业卫生技术服务机构、各级政府的权利义务关系和法律责任。

三 职业病的分类

2013年12月23日，国家卫生计生委、人力资源社会保障部、安全监管总局、全国总工会联合印发《职业病分类和目录》。该《职业病分类和目录》将职业病分为职业性尘肺病及其他呼吸系统疾病19种、职业性皮肤病9种、职业性眼病3种、职业性耳鼻喉口腔疾病4种、职业性化学中毒60种、物理因素所致职业病7种、职业性放射性疾病11种、职业性传染病5种、职业性肿瘤11种、其他职业病3种，共10类132种。被诊断为法定（规定）职业病的疾病，必须为该《职业病分类和目录》中的职业病。

四 常见职业病的预防措施

职业病给劳动者带来健康和生命危害，给单位带来经济损失，给社会带来不稳定因素，所以职业病的预防具有重大意义。

1. 职业病的预防遵循三级预防原则

① 一级预防：病因预防。从根本上着手使劳动者尽可能不接触职业性有害因素，或控制作业场所有害因素水平在卫生标准允许限度内。

② 二级预防：阻断预防。对作业工人实施健康监护，早期发现职业损害，及时处理，有效治疗，防止病情进一步发展。

③ 三级预防：诊治预防。对已患职业病的患者积极治疗，促进健康。

三级预防之间的关系是：突出一级预防，加强二级预防，做好三级预防。

2. 职业病预防措施

职业病防治要坚持"预防为主，防治结合"，其中预防比得病后的治疗更为重要。

（1）消除和控制职业危害因素

消除职业危害因素和降低职业危害因素的浓度或强度是职业病预防最理想的措施，主要有：

- 改进工艺，以低毒、无毒的物质代替高毒物质；
- 采用先进技术和工艺，使用远距离操作或自动化操作；
- 加强对设备的检修，防止跑、冒、滴、漏；
- 加强通风、除尘、排毒措施，减少工人接触职业危害因素的机会。

（2）加强个体防护

加强个体防护在许多情况下起着重要作用，主要有：

- 防护头盔；
- 防护服，分防热服、防化学污染物服、防微波屏蔽服、防尘服；
- 防护眼镜和防护面罩；
- 呼吸防护器，包括过滤式呼吸防护器、隔离式呼吸防护器、防尘防毒口罩；
- 防噪声用具，又分耳塞、耳罩、防噪声帽盔；
- 皮肤防护用品，又分手套、防护油膏；
- 个人卫生设施，包括水冲淋和洗眼设施、盥洗设备、更衣室。

（3）作业场所卫生检测和职工健康检查

对接触职业危害因素的职工进行上岗前、在岗期间和离岗时的定期职业健康检查，早期发现健康损害，及时进行处理或治疗，防止病损的发展。

对疑似职业病者明确诊断后，应得到及时、合理的处理，防止恶化、复发及并发症。

（4）对作业场所职业病危害因素定期进行监测

一旦发现超标，及时查明原因，采取防治对策。

（5）加强职业卫生管理

建立、健全职业病防治责任制、职业卫生管理制度、职业卫生档案和劳动者健康监护档案。

设置公告栏、警示标志和中文警示说明，公布有关职业病防治的规章制度、操作规程等。

将职业病危害及其后果、职业病防护措施和待遇等如实告知劳动者。

五 衡量健康的10条标准

健康并不仅仅是身体没有疾病而已,世界卫生组织对健康的定义是:健康不仅是一个人身体没有出现疾病或虚弱状态,还指一个人生理上、心理上和社会上的完好状态。这就是人们所指的身心健康,也就是说,一个人在躯体健康、心理健康、社会适应良好和道德健康四方面都健全,才是完全健康的人。

世界卫生组织提出的健康10条标准如下。

① 精力充沛,能从容不迫地应对日常生活和工作的压力而不感到过分紧张。

② 处事乐观,态度积极,乐于承担责任,事无巨细,不挑剔。

③ 善于休息,睡眠良好。

④ 应变能力强,能适应环境的各种变化。

⑤ 能够抵抗一般性感冒和传染病。

⑥ 体重得当,身材匀称,站立时头、肩、臂位置协调。

⑦ 眼睛明亮,反应敏锐,眼睑不发炎。

⑧ 牙齿清洁,无龋齿,无痛感,牙龈颜色正常,无出血现象。

⑨ 头发有光泽,无头屑。

⑩ 肌肉、皮肤富有弹性,走路轻松有力。

可以对照以上10个健康标准来衡量自己的健康状态,当感觉到某个方面出现了问题,应该及时进行调整或治疗。

六 避免不良生活方式

健康是宝贵的,健康需要我们在生活中注意避免如下几个不好的习惯。

(1)久坐不动

长时间地坐在计算机前伏案工作,容易造成肌肉劳损,出现颈部和肩部发僵发硬情况,危害健康。所以,坐着工作的时候隔段时间就应该起身走走,伸展身体,以避免肩、颈不适。

(2)不吃早饭,饮食不规律

不吃早饭,不仅血糖低,容易注意力不集中,且空腹时胃分泌胃酸,时间久了,会导致慢性胃炎、胃溃疡等疾病。晚饭吃得迟、吃得多,不仅会加重胃的负担,而且容易导致失眠、肥胖、记忆力减退等。正确的做法是早饭吃得好,午饭吃得饱,晚饭吃得少。

（3）蔬少肉多，饮食结构不合理

大量摄入高脂肪、高热量及高胆固醇食物，属于饮食结构不合理，是导致心脑血管疾病的重要因素。提倡多吃蔬菜、鱼类及豆制品，少吃油炸食品和偏辣、偏咸、偏油腻的食物。

（4）出门乘车，上下楼坐电梯

社会的发展，给人们提供了更多的快捷和便利，但是带来的后果就是人们运动的不足，导致肌肉疲软，血液循环迟滞，脑供血不足，甚至会引起肩膀发僵、腰酸背痛或偏头痛。一个健全的成年人每天至少需要保持步行6000步的活动量。适量的运动对健康有益。

（5）长期熬夜，顺带吃夜宵

睡眠是人体消除各器官疲劳的最重要的方式。熬夜是拿睡眠的时间来工作、休闲、玩乐，是得不偿失的，对健康有害。长期的睡眠不足，不仅会造成身体各器官的疲劳，而且会导致心理疲乏，引发焦虑、忧郁等情绪反应，因此应该做到早睡早起，不熬夜。

（6）平常自我感觉良好，小病扛，大病拖

近年发生了多起的30～50岁的中青年过劳死事件，这部分人因为工作和生活压力大，不关心自己的身体，有些小病小痛也不会放在心上，小病扛，大病拖，直到感觉身体严重不适，才去就医，而这时往往已经到了病情恶化的时候，为时已晚。因此，不要漠视身体发出的一些信号，当身体有不适的感觉时要及时注意休息、调整、就医，更重要的是要保证定期做身体检查，关注身体的变化。

（7）喝咖啡、吸烟

很多人，工作压力大的时候，就靠吸烟、喝咖啡来振作精神。喝咖啡本身对身体影响不大，但当饮用过量的时候，身体就会对咖啡产生依赖；而吸烟更对身体有害。可选择喝茶等其他方式。疲劳也是身体的一种信号，可适当地休息、调整，而不能一味地依赖咖啡、吸烟来振奋身体。

（8）所有的事都自己扛，不会适当地梳理心情

心理和生理是两个有联系的系统，当心理压力太大，会影响到生理系统的健康。如果心情愉快，即便稍微辛苦一点儿，生理系统也会照常良性运行。因此，适当的心理梳理对身心健康是有必要的。当工作、学习压力过大的时候，可以找人倾诉、谈心，让精神得到放松；而如果工作压力已经超过自己的承受范围，就不妨和上司谈谈，不要自己独自支撑。

❖ **阅读材料　如果你在食堂进餐，应该如何选择食物来保证自己的健康？**

1. 早饭对一个人的身体健康比较重要，但是食堂提供的早饭品种比较有限，一般是大饼、油条、粥和包子之类。大饼、油条、包子在加工过程中加入了不少油脂，不推荐经常食用。我们可以自备早餐主食，搭配鸡蛋、牛奶、水果。主食可以选择冲泡的燕麦粥，水煮的红薯、玉米也是健康的主食。如果有健康的面包，也可以当主食，但是口感好的面包一般添加剂比较多，注意选择那些添加剂少的健康面包。

2. 中饭和晚饭必须要有蔬菜和肉类。选择蔬菜，最好是绿叶蔬菜，并且蔬菜应该是采用少油少盐方法烹饪的，过油的干煸豆角、油淋茄子、地三鲜、麻辣香锅，都不能算作是健康的菜品。淀粉含量高的红烧土豆和芋头，还有炒土豆丝、酸辣藕片、山药排骨等，都应该归为主食。避免选择加工过度的荤菜，如糖醋里脊、肉丸子等，因为这类菜烹饪过程中会加入很多肥肉，加工过程中食物营养成分流失严重。可以选择一些经过简单烹饪的营养高、脂肪低的猪瘦肉、鸡肉（最好去皮）和鱼肉等肉类。

3. 鸡蛋是优质蛋白质的来源，任何一餐都可食用。

4. 拒绝盖浇饭。盖浇饭虽好，但热量太高。食堂的炒菜一般油重，做成盖浇饭后，油直接渗入米饭，融为一体，多吃对健康不利。

5. 南北小吃虽然美味，但不能作为正餐来吃。一碗兰州牛肉面当一顿饭，或者是一笼肉包子加一碗粥当一顿饭，都是不健康的吃法。一顿饭营养要均衡，食物要多样，不能只有主食，或者只有肉没有菜。

6. 拒绝甜饮料和油炸食品。这类食品高热量、高油脂，对身体有害。

7. 不要吃过分饱，七八分饱就可以了。

8. 每天喝一杯奶，每天1~2个水果。

9. 拒绝方便面。方便面脂肪含量很高，过多摄入会导致肥胖，特别是经过油炸的方便面，油脂含量更高，危害人体健康。

小结

1. 职业病是劳动者在劳动过程中，因为工作原因引起的疾病。其中某些危害性较大，诊断标准明确，符合政府公布的《职业病分类和目录》的疾病，属于法定职业病。
2. 职业病的预防遵循三级预防原则。一级预防：病因预防；二级预防：阻断预防；三级预防：诊治预防。
3. 衡量健康的标准（10条）。

测试题 1_2

一、选择题

1. 世界卫生组织对健康的定义是（　　）。
   A. 人的生理上没有疾病
   B. 人的心理上没有病态
   C. 人生理上、心理上和社会上的完好状态
   D. 良好的社会适应能力

2. 职业病预防原则中的一级预防是指（　　）。
   A. 诊治预防　　　B. 区域预防　　　C. 阻断预防　　　D. 病因预防

二、填空题

1. 《中华人民共和国职业病防治法》规定了用人单位、劳动者、职业卫生技术服务机构、各级政府的_____关系和_____责任。
2. 职业病是指企业、事业单位和个体经济组织等用人单位的劳动者在_____中，因接触粉尘、放射性物质或其他有毒、有害物质而引起的疾病。
3. 《中华人民共和国职业病防治法》的颁布，目的是"为了预防、控制和消除_____，防治职业病，保护劳动者健康及其相关权益，促进经济发展"。

三、简答题

1. 叙述我国对法定职业病的定义。
2. 某企业办公室办事员张某，女，30岁，参加工作5年多来，一直在企业办

公室担任办事员,由于长期从事电脑工作,患上了"干眼症"、颈椎病等疾病,而且近来症状有所加重,经常出现头晕、恶心等反应。请分析张某是不是可以享受职业病待遇?

3. 职业病的预防遵循哪三级预防原则?

参考答案

▶ 测试题1_2
参考答案 ◀

在线测试

▶ 在线题库-【试卷1_2】◀

课题三 安全

【知识目标】

1. 认识食品包装上的生产日期以及安全标志。
2. 熟悉和掌握交通安全规则和法规。
3. 了解《中华人民共和国安全生产法》，熟悉从业人员的基本权利和履行义务。
4. 掌握工伤认定条款。

【能力目标】

1. 能识别健康食品和有毒有害食品。
2. 能遵守交通安全规则。
3. 能在生产中注意安全生产。

【思政目标】

1. 提高食品安全和交通安全的责任意识。
2. 了解并遵守《中华人民共和国安全生产法》，提高法律意识。

案例分析

2008年6月28日，兰州市解放军第一医院收治了一名婴幼儿患者，经过诊断得了"肾结石"病。该幼儿从出生起，就一直食用河北石家庄三鹿集团的"三鹿婴幼儿奶粉"。7月中旬开始，甘肃省卫生厅接到医院婴儿泌尿结石病例报告后，随即展开调查，并报告卫生部，随后短短两个多月，该医院收治的患婴人数迅速扩大到14名。9月11日，除甘肃省外，我国其他省区也有类似病例发生。9月13日，卫生部调查证实，这些幼儿喝的都是"三鹿牌奶粉"。经检验"三鹿牌奶粉"中含有超标的三聚氰胺。"三鹿奶粉"事件总共有6名婴孩死亡，逾30万儿童患病。事件曝光后，石家庄三鹿集团股份有限公司宣布破产，相关责任人受到法律的惩罚。"三鹿奶粉"事件对我国的乳品行业产生了巨大的影响。

发生这起严重食品安全事件的原因是：不法分子为增加原料奶或奶

粉的蛋白含量，人为加入对人体有害的三聚氰胺。三聚氰胺是化工原料，长期摄入会导致人体泌尿系统膀胱、肾产生结石，并可诱发膀胱癌，对身体有害，不可用于食品加工或食品添加物。这是一起无视食品安全，严重违反《中华人民共和国食品卫生法》和《中华人民共和国产品质量法》的案件。

一 食品安全

民以食为天，食以安为先。食品安全关乎每个人的身体健康和生命安全，食品安全重于泰山。食品安全指食品无毒、无害，符合应当有的营养要求，对人体健康不造成任何急性、亚急性或者慢性危害。

食品（食物）的种植、养殖、加工、包装、储藏、运输、销售、消费等活动，应符合国家强制标准和要求，不存在可能损害或威胁人体健康的有毒有害物质以导致消费者病亡或者危及消费者及其后代的隐患。食品安全既包括生产安全，也包括经营安全；既包括结果安全，也包括过程安全；既包括现实安全，也包括未来安全。

1.《中华人民共和国食品安全法》

《中华人民共和国食品安全法》，简称为《食品安全法》，2009年2月28日第十一届全国人民代表大会常务委员会第七次会议通过，2015年4月24日第十二届全国人民代表大会常务委员会第十四次会议修订，本法自2015年10月1日起实施。根据2018年12月29日第十三届全国人民代表大会常务委员会第七次会议《关于修改〈中华人民共和国产品质量法〉等五部法律的决定》第一次修正，根据2021年4月29日第十三届全国人民代表大会常务委员会第二十八次会议《关于修改〈中华人民共和国道路交通安全法〉等八部法律的决定》第二次修正。

《食品安全法》提出了"食品安全工作实行预防为主、风险管理、全程控制、社会共治，建立科学、严格的监督管理制度"。从田间到餐桌，从企业到行业协会，从媒体监督到消费者举报，每个人其实都是食品安全的"责任人"。《食品安全法》包括总则、食品安全风险监测和评估、食品安全标准、食品生产经营、食品检验、食品进出口、食品安全事故处置、监督管理、法律责任和附则，共有十章。

2. 有毒有害食品

日常生活中应该注意识别哪些食品是有毒有害食品。

有毒有害食品主要是指以下十一类食品。

① 用非食品原料生产的食品或者添加食品添加剂以外的化学物质和其他可能危害人体健康物质的食品（如三聚氰胺奶粉）或者用回收食品作为原料生产的食品。

② 致病性微生物、农药残留、兽药残留、重金属、污染物质，以及其他危害人体健康的物质含量超过食品安全标准限量的食品（如苏丹红鸭蛋）。

③ 营养成分不符合食品安全标准的专供婴幼儿和其他特定人群的主辅食品（如阜阳劣质奶粉）。

④ 腐败变质、油脂酸败、霉变生虫、污秽不洁、混有异物、掺假掺杂或者感官性状异常的食品。

⑤ 病死、毒死或者死因不明的禽、畜、兽、水产动物肉类及其制品。

⑥ 未经动物卫生监督机构检疫或者检疫不合格的肉类，或者未经检验或者检验不合格的肉类制品。

⑦ 被包装材料、容器、运输工具等污染的食品。

⑧ 超过保质期的食品。

⑨ 无标签的预包装食品。

⑩ 国家为防病等特殊需要明令禁止生产经营的食品。

⑪ 其他不符合食品安全标准或者要求的食品。

3. 食品安全标记

在购买或食用食品的时候，会发现有的商品上有一些特定的图案。在购买或食用时应该注意这些食品安全标记，作为选购或食用的依据。

（1）"QS"质量安全标记［图1.3（a）］

"QS"标志是英文"Quality Safety"（质量安全）的缩写，是食品质量安全市场准入标志，也是质量标志，表明食品符合质量安全基本要求，表示该产品已经经过强制性的检验，并且合格，准许进入市场销售。目前我国实行的食品质量安全准入制度的共有28类食品，食品企业在销售的食品包装上必须标注食品生产许可证编号，并加印食品质量安全市场准入标志"QS"后才能出厂进入市场销售。没有食品质量安全市场准入标志的，不得出厂销售。所以我们在选择食品时候要注意带有"QS"标记的食品才是安全的。

▲图1.3　食品安全标记

（2）健康食品

在选择食品的时候，尽量选择健康食品。是不是健康食品，主要依据就是食品标志。现在主要有三种健康食品标志：

- **无公害农产品**［图 1.3（b）］　产地生态环境清洁，按照特定的技术操作规范生产，将有害物的含量控制在规定标准内，并由授权部门审定批准。
- **绿色食品**［图 1.3（c）］　遵循可持续发展的原则，按照特定生产方式生产，并经专门机构认证，许可使用绿色食品标志的无污染的安全、优质、营养类食品。
- **有机食品**［图 1.3（d）］　来自于有机农业生产体系，根据有机认证标准生产、加工，并经独立的有机食品认证机构认证的农产品及其加工品等，包括食品、蔬菜、奶制品、禽畜产品、蜂蜜、水产品、调料等。

4. 预防食源性疾病

世界卫生组织把"通过摄食方式进入人体内的各种致病因子引起的通常具有感染或中毒性质的一类疾病"称为食源性疾病，以代替历史上使用的"食物中毒"一词。"食源性疾病"是以食物和水源为载体使致病因子进入机体引起的疾病，所以要预防"食源性疾病"，必须做到加强食品卫生监督管理，倡导合理营养，控制食品污染，提高食品卫生质量。

交通安全

据世界卫生组织统计，全世界每年因道路交通事故死亡人数约有 125 万，相当于全球每天约有 3500 人因交通事故死亡；还有数据显示，每年有几千万人因此而受伤或致残。其中，交通事故是 15～29 岁年轻人的首要死亡原因。交通关系到每个人的生命安全，关系到每个家庭的安定幸福。

1. 行人要遵守的交通安全规则

行人要在人行道上行走，没有设置人行道的路段，行人应在道路的右侧边上行走。

行人横过机动道，要走人行横道、人行过街天桥或地下通道等行人过街设施。没有这些设施时要直行通过，不要斜穿或追逐猛跑，也不要在车辆临近时突然横穿，要让司机有足够的时间发现行人，避让行人，保障安全。

有交通信号控制的人行道，须按信号规定通过；没有交通信号控制的人行道，须注意车辆，在保证安全的前提下通过。

夜间步行时，要尽量选择有路灯的地方横过道路。

横过道路途中若遇到有车辆驶近时，应根据当时的环境停步；不要突然加速横穿或后退、折返，尽量要让驾驶车辆的司机知道自己的去向。如果因车辆多而一时在横过道路途中受阻，可利用路中央的分界线作为紧急停留的地方；切忌不看身后而直接后退，因为身后很可能有已经驶近或正在驶近的车辆，导致发生交通事故。

横过有绿化带隔离的机动车和非机动车道，在没有行人过街设施的情况下，要选择没有绿篱笆遮挡、视线开阔、具有安全通行条件的路段穿越，不能从绿化带中突然穿出，这样极易发生被疾驶而过的汽车撞上的危险。因为有绿篱笆遮挡视线，司机难以准确判断是否有行人横穿；即使发现有人横穿，但也会由于某种原因（车速快）而来不及采取避让措施。

不得追逐公交车等机动车，以免发生危险。

2. 非机动车（自行车、电瓶车等）遵守的交通安全规则

按照《中华人民共和国道路交通安全法实施条例》第七十二条，在道路上驾驶自行车、三轮车、电动自行车、残疾人机动轮椅车应当遵守下列规定。

① 驾驶自行车、三轮车必须年满 12 周岁，驾驶电动自行车和残疾人机动轮椅车必须年满 16 周岁。

② 不得醉酒骑车。

③ 转弯前应当减速慢行，伸手示意，不得突然猛拐，超越前车时不得妨碍被超越的车辆行驶。

④ 不得牵引、攀扶车辆或者被其他车辆牵引，不得双手离把或者手中

持物。

⑤ 不得扶身并行、互相追逐或者曲折竞驶。

⑥ 不得在道路上骑独轮自行车或者 2 人以上骑行的自行车。

⑦ 非下肢残疾的人不得驾驶残疾人机动轮椅车。

⑧ 自行车、三轮车不得加装动力装置。

⑨ 不得在道路上学习驾驶非机动车。

3. 乘坐公共交通要遵守的交通安全规则

根据《城市公共交通车船乘坐规则》，在乘坐城市公共交通车、船要遵守如下安全规则。

① 在车站候车，不准在车行道上候车或者招呼出租汽车，待车停稳后先下后上，依次登乘，不准强行上下。

② 乘坐车、船时，不得将身体的任何部位伸出车、船外。

③ 不准自行开关车、船门。

④ 在车、船内禁止吸烟，不准向车外吐痰、乱扔杂物。

⑤ 在有安全带的情况下，系上安全带。

4. 驾驶机动车要遵守的交通安全法规

根据《道路交通管理条例》，驾驶机动车必须遵守如下的安全规定。

① 机动车驾驶员，必须经过车辆管理机关考试合格，领取驾驶证，方准驾驶车辆。

② 学习驾驶员和教练员，应分别持有车辆管理机关核发的学习驾驶员证和教练员证。

③ 绿灯亮时，准许车辆、行人通行，但转弯的车辆不准妨碍直行的车辆和被放行的行人通行。

④ 未参加本年度审验的驾驶员，不准继续驾驶车辆。

⑤ 机动车驾驶员饮酒后不准驾驶车辆。

⑥ 不准穿拖鞋驾驶车辆。

⑦ 行驶中驾驶员不准戴耳塞式收音机。

⑧ 不准在驾驶车辆时吸烟、饮食、闲谈或有其他妨碍安全行车的行为。

⑨ 货运汽车挂车、半挂车、平板车、自动倾卸车等不准载人。

⑩ 驾驶员及前后排乘客必须系好安全带。

三 生产安全

1. 《中华人民共和国安全生产法》

《中华人民共和国安全生产法》（简称《安全生产法》）由第九届全国人民代表大会常务委员会第二十八次会议于 2002 年 6 月 29 日通过，自 2002 年 11 月 1 日起施行。2014 年 8 月 31 日第十二届全国人民代表大会常务委员会第十次会议通过全国人民代表大会常务委员会关于修改《中华人民共和国安全生产法》的决定，自 2014 年 12 月 1 日起施行。该法根据 2021 年 6 月 10 日第十三届全国人民代表大会常务委员会第二十九次会议《关于修改〈中华人民共和国安全生产法〉的决定》第三次修正。新的《安全生产法》自 2021 年 9 月 1 日起施行。制定该法是"为了加强安全生产工作，防止和减少生产安全事故，保障人民群众生命和财产安全，促进经济社会持续健康发展"。

《安全生产法》是我国第一部有关安全生产工作的综合性法律，确立了安全生产的基本准则和基本法律制度。《安全生产法》包括总则、生产经营单位的安全生产保障、从业人员的安全生产权利义务、安全生产的监督管理、生产安全事故的应急救援与调查处理、法律责任和附则，共有七章。

2. 从业人员的八大权利和三项义务

《安全生产法》明确规定了从业人员必须享有的有关安全生产和人身安全的最重要的和最基本的权利，这些权利归纳为以下八项权利。

① 知情权，即有权了解其作业场所和工作岗位存在的危险因素、防范措施和事故应急措施。

② 建议权，即有权对本单位安全生产工作提出建议。

③ 批评权、检举权、控告权，即有权对本单位安全生产管理工作中存在的问题提出批评、检举、控告。

④ 拒绝权，即有权拒绝违章作业指挥和强令冒险作业。

⑤ 紧急避险权，即发现直接危及人身安全的紧急情况时，有权停止作业或者在采取可能的应急措施后撤离作业场所。

⑥ 依法向本单位提出要求赔偿的权利。

⑦ 获得符合国家标准或者行业标准劳动防护用品的权利。

⑧ 获得安全生产教育和培训的权利。

在从业人员获得这些权利的同时，《安全生产法》也规定了从业者应该履行的三项义务：

① 自律遵规的义务，即从业人员在作业过程中，应当遵守单位的安全生产规章制度和操作规程，服从管理，正确佩戴和使用劳动防护用品。

② 自觉学习安全生产知识的义务，要求掌握本职工作所需的安全生产知识，提高安全生产技能，增强事故预防和应急处理能力。

③ 危险报告义务，即发现事故隐患或者其他不安全因素时，应当立即向现场安全生产管理人员或者本单位负责人报告。

3. 工伤认定

《工伤保险条例》2003年4月27日中华人民共和国国务院令第375号公布，于2004年1月1日起施行。目的是保障因工作遭受事故伤害或者患职业病的职工获得医疗救治和经济补偿，促进工伤预防和职业康复，分散用人单位的工伤风险。随着我国经济社会的发展，条例在实施过程中出现了一些新情况、新问题，为解决出现的问题，人力资源和社会保障部在认真总结条例实施经验的基础上，于2009年7月起草了《工伤保险条例修正案（送审稿）》，报请国务院审议。《国务院关于修改〈工伤保险条例〉的决定》2010年12月8日由国务院第136次常务会议通过，自2011年1月1日起施行。

《工伤保险条例》是国家通过立法的手段保证实施的一种社会福利制度。其补偿内容包括对伤残职工的医疗救治、经济补偿、职业康复训练和对工伤死亡家属的经济补贴等。作为社会保险制度体系的一个重要组成部分，工伤保险对于分散事故风险，保障因工伤事故或职业病而伤、残、亡的职工及其供养的直系亲属的基本生活，促进企业安全生产和维护社会安定，都发挥了极其重要的作用。

职工有下列情形之一的，应当认定为工伤或视同工伤。

① 在工作时间和工作场所内，因工作原因受到事故伤害的。

② 工作时间前后在工作场所内，从事与工作有关的预备性或者收尾性工作受到事故伤害的。

③ 在工作时间和工作场所内，因履行工作职责受到暴力等意外伤害的。

④ 患职业病的。

⑤ 因工外出期间，由于工作原因受到伤害或者发生事故下落不明的。

⑥ 在上下班途中，受到非本人主要责任的交通事故或者城市轨道交通、客运轮渡、火车事故伤害的。

⑦ 在工作时间和工作岗位，突发疾病死亡或者在48小时之内经抢救无效死

亡的。

⑧ 在抢险救灾等维护国家利益、公共利益活动中受到伤害的。

⑨ 职工原在军队服役，因战、因公负伤致残，已取得革命伤残军人证，到用人单位后旧伤复发的。

《工伤保险条例》规定了劳动者因工伤残或者患职业病依法享受社会保险待遇。用人单位应依法参加工伤保险，并按时缴纳保险费，如有违反则会受到相应的处罚并需要补交保险费和罚款。

小结

1. 食品安全法

   为了保证食品安全、保障公众身体健康和生命安全而制定的法律。

2. 有毒有害食品

   对人体健康有危害的食品。

3. 食品的标记

   "QS"质量安全标记；无公害农产品标记；绿色食品标记；有机食品标记。

4. 食源性疾病

   通过摄食方式进入人体内的各种致病因子引起的通常具有感染或中毒性质的一类疾病。

5. 交通安全

   ① 行人要遵守的交通安全规则。

   ② 非机动车（自行车、电瓶车等）要遵守的交通安全规则。

   ③ 乘坐公共交通要遵守的交通安全规则。

   ④ 驾驶机动车要遵守的交通安全法规。

6. 生产安全

   ①《安全生产法》，我国第一部有关安全生产工作的综合性法律。

   ② 从业人员的八大权利和三项义务。《安全生产法》明确规定了从业人员必须享有的有关安全生产和人身安全的最重要的和最基本的八项权利，以及要履行的三项义务。

   ③ 工伤认定。《工伤保险条例》对职工的工伤认定和工伤后的待遇做了法律的规定，促进了安全生产，保护和发展社会生产力。

测试题 1_3

一、选择题

1. 《中华人民共和国安全生产法》第五条规定,生产经营单位的主要负责人是本单位安全生产第一责任人,对本单位的安全生产工作(　　)。其他负责人对职责范围内的安全生产工作负责。

   A. 全面负责　　　　　　　　B. 负全部领导责任

   C. 负领导责任　　　　　　　D. 主要负责

2. 《中华人民共和国安全生产法》规定,安全生产工作的综合监督管理部门是(　　)。

   A. 劳动行政部门　　　　　　B. 各级人民政府

   C. 安全生产监督管理部门　　D. 综合管理部门

3. 下列不是现在主要的健康食品标志的是(　　)。

   A. 无公害食品　　　　　　　B. 绿色食品

   C. 有机食品　　　　　　　　D. 无机食品

4. 职工有下列(　　)情形,不应当认定为工伤或视同工伤。

   A. 患职业病的

   B. 外出旅游期间,由于受到意外伤害或者发生交通事故的

   C. 在上下班途中,受到非本人主要责任的交通事故

   D. 在抢险救灾等维护国家利益、公共利益活动中受到伤害的

5. 生产、经营、储存、使用危险物品的车间、商店、仓库(　　),并应当与员工宿舍保持安全距离。

   A. 分区域可与员工宿舍在同一座建筑物内

   B. 能与员工宿舍在同一座建筑物内

   C. 不得与员工宿舍在同一座建筑物内

   D. 可以与员工宿舍在相邻两座建筑物内

二、填空题

1. 食品企业在销售的食品包装上必须标注_____,并加印_____标志后才能出厂进入市场销售。

2. 我们在选择食品时候,尽量选择健康食品。目前我国健康食品标志分别是:_____食品、_____食品、_____食品。

3. 世界卫生组织把"通过摄食方式进入人体内的各种致病因子引起的通常具有感染或中毒性质的一类疾病"称为_____，以代替历史上使用的"食物中毒"一词。
4. 食品安全要求食品（食物）的种植、养殖、加工、包装、储藏、运输、销售、消费等活动符合_____标准和要求，不存在可能损害或威胁人体健康的有毒有害物质以导致消费者病亡或者危及消费者及其后代的隐患。
5. 《中华人民共和国安全生产法》是我国第一部有关安全生产工作的综合性法律，确立了安全生产的_____和基本法律制度。

三、简答题

1. 有毒有害食品主要有哪十一类食品？
2. 交通安全关系到每个人的生命安全，请结合自己谈谈如何保证交通安全。
3. 《中华人民共和国安全生产法》规定了从业人员的八大权利和三项义务，请选择其中一项来叙述这些规定如何促进了安全生产。
4. 李某为某企业职工，一天骑自行车在上班途中，因雪天路滑不慎摔倒，造成骨折。李某认为自己是因为工作原因而受到伤害，应认定为工伤，但是企业认为，李某是自己骑自行车受伤的，和企业无关，因此拒绝认定为工伤。试分析企业做法是否正确。

参考答案

测试题1_3 参考答案

在线测试

▶ 在线题库-【试卷1_3】◀

课题四　环境保护

【知识目标】
1. 了解《中华人民共和国环境保护法》，熟悉环保基本概念。
2. 熟悉我国环境空气质量功能区执行的三级标准。
3. 理解总量排放标准，掌握污染物总量的计算方法。
4. 掌握主要污染物控制指标对水质的影响。

【能力目标】
1. 会查阅 ISO 14000 及国家有关环境质量标准。
2. 能根据相关环境质量标准找出污染物种类。

【思政目标】
1. 自觉抵制非法排放、乱倒致污行为。
2. 遵守《中华人民共和国环境保护法》，提高环境保护意识。

案例分析

2011 年 8 月，云南省某公司将 5000 余吨铬渣非法倾倒在曲靖市某区农村的路边和山坡上，引发了后果严重的"非法倾倒铬渣致污"事件。

2013 年，我国遭遇史上最严重空气污染，雾霾波及全国 25 个省份。雾霾天气时，空中浮游大量的尘粒、烟粒等有害物质，会对人体的呼吸道造成伤害；空气中飘浮的大量的颗粒、粉尘、污染物病毒等，一旦被人体吸入，就会刺激并破坏呼吸道黏膜，容易造成上呼吸道感染。

如何维护好我们生活的一片净土，已成为现代人工作和生活思考的重要问题。

一　环境保护法

《中华人民共和国环境保护法》（简称《环保法》）于 1989 年 12 月 26 日第七届全国人民代表大会常务委员会第十一次会议通过，2014 年 4 月 24 日第十二届全国人民代表大会常务委员会第八次会议修订。2015 年 1 月 1 日开始实施。

《环保法》颁布后，我国环境问题有所改善，但还存在着一些突出问题：末端控制为指导思想，统管分管不明确，执法手段少，公民参与原则含义狭窄，缺乏对行政管理者法律责任约束，等等。为了消除这些弊端，《环保法》进行了修订。

1.《环保法》修订五大亮点

新举措——建立公共监测预警机制。

新规定——划定生态保护红线。

新主体——环境公益诉讼主体扩大。

新标准——按日计罚无上限。

新职责——明确政府管理。

2. 立法理念有创新

（1）环境与发展的关系

旧法：环保与发展相协调。新法：发展与环保相协调。

（2）环境理念

① 推进生态文明建设。

② 促进可持续发展（第二条）。

③ 保障公众健康（第一、三十九、四十七条）。

④ 坚持保护环境的基本国策（第四条）。

（3）立法目的

为保护和改善环境，防治污染和其他公害，保障公众健康，推进生态文明建设，促进经济社会可持续发展，制定本法。

（4）二十字基本原则

保护优先、预防为主、综合治理、公众参与、损害担责。

（5）环境制度渐完善

① 环境监测制度（第十七条）。

② 环保目标责任制、考核评价制度（第二十六条）。

③ 生态保护补偿制度（第三十一条）。

④ 大气、水、土壤的调查、监测、评估、修复制度（第三十二条）。

⑤ 环境与健康监测、调查、风险评估制度（第三十九条）。

⑥ 排污单位环保责任制度（第四十二条）。
⑦ 重点污染物排放总量控制制度（第四十四条）。
⑧ 排污许可管理制度（第四十五条）。
⑨ 淘汰制度（第四十六条）。

二 环保基本概念

1. 环境保护

环境保护是指采取行政、法律、经济、科技、宣教等多方面的措施，达到合理利用自然资源，防止环境污染和破坏，以求保持和发展生态平衡，扩大有用自然资源的再生产，保证人类社会持续发展的手段。1972年联合国人类环境会议后，"环境保护"这一术语被广泛采用。每年的6月5日是世界环境日。

2. 环境质量标准

环境质量标准是为了保护人群健康、社会财富和维护生态平衡，以人类环境为对象，根据国家的环境政策和相关法令，在综合分析自然环境特征、控制污染物的技术水平、满足经济条件和社会要求的基础上，对污染物（或有害物）的容许含量所做的规定。环境质量标准是评价环境优劣和贯彻环境保护法的依据。例如：硫化氢的最高容许浓度MAC是$10mg/m^3$。

3. ISO 14000

ISO 14000 环境管理系列标准是国际标准化组织（International Organization for Standardization，ISO）继 ISO 9000 标准之后推出的又一个管理标准。该标准由 ISO/TC207 的环境管理技术委员会制定，有 14001~14100 共 100 个号，统称为 ISO 14000 系列标准。ISO 14000 是国际标准化组织（ISO）第 207 技术委员会从 1993 年开始制定的系列环境管理国际标准的总称。ISO 14000 标准系列，由 7 部分组成，分别是环境管理体系、环境管理体系审核、环境标志、环境行为评价、生命周期评估、环境管理和产品标准中的环境因素。

ISO 14000 标准的实施有利于推动环境法律、法规的贯彻执行，有利于推动清洁生产技术的应用，有利于促进环境与经济的协调发展，有利于全民环保意识的提高，有利于企业的良好发展，对控制环境污染、提高资源利用率、维持生态平衡、创造绿色世界具有重大作用。

三 环境质量标准

环境质量标准按环境要素分，有大气质量标准、水质量标准、土壤质量标准、生物质量标准；按标准制定者分，有世界级标准、国家级标准、地方级标准；按标准的适用对象分，有污染物排放标准、环境基础标准、环境质量标准、环境方法标准。

1. 《环境空气质量标准》（GB 3095—2012）

《环境空气质量标准》，是为贯彻《中华人民共和国环境保护法》和《中华人民共和国大气污染防治法》，保护和改善生活环境、生态环境，保障人体健康制定的标准。《环境空气质量标准》规定了环境空气功能区分类、标准分级、污染物项目、平均时间及浓度限值、监测方法、数据统计的有效性规定及实施与监督等内容。该标准自2016年1月1日起在全国实施。

我国环境空气质量功能区分为三类：

① 一类区为自然保护区、风景名胜区和其他需要特殊保护的地区；

② 二类区为城镇规划中确定的居住区、商业交通居民混合区、文化区、一般工业区和农村地区；

③ 三类区为特定工业区。

环境空气质量标准分为三级：一类区执行一级标准；二类区执行二级标准；三类区执行三级标准。

任务1. 通过网络工具收集你所在城市某天的空气质量数据，判断该地区空气质量情况。

任务2. 了解国家总量控制的水循环、环境空气中的污染物种类。

『资料库』

2016年12月5日，《"十三五"生态环境保护规划》（以下简称《规划》）正式发布，《规划》中提出12项约束性指标。其中涉及环境质量的8项指标，是第一次进入五年规划的约束性指标。

《规划》提出12项约束性指标，包括地级及以上城市空气质量优良天数、细颗粒物未达标地级及以上城市浓度、地表水质量达到或好于Ⅲ类水体比例等。

"十三五"生态环境保护主要指标

	指标	2015年	2020年	累计	属性
生态环境质量	1. 空气质量				
	地级及以上城市空气质量优良天数比率（%）	76.7	>80		约束性
	细颗粒物未达标地级及以上城市浓度下降（%）			18	约束性
	地级及以上城市重度及以上污染天数比例下降（%）			25	预期性
	2. 水环境质量				
	地表水质量达到或好于Ⅲ类水体比例（%）	66	>70		约束性
	地表水质量劣Ⅴ类水体比例（%）	9.7	<5		约束性
	重要江河湖泊水功能区水质达标率（%）	70.8	>80		预期性
	地下水质量极差比例（%）	15.7	约15		预期性
	近岸海域水质优良（Ⅰ、Ⅱ类）比例（%）	70.5	约70		预期性
	3. 土壤环境质量				
	受污染耕地安全利用率（%）	70.6	约90		约束性
	污染地块安全利用率（%）		>90		约束性
	4. 生态状况				
	森林覆盖率（%）	21.66	23.04	1.38	约束性
	森林蓄积量（亿立方米）	151	165	14	约束性
	湿地保有量（亿亩）		>8		预期性
	草原综合植被盖度（%）	54	56		预期性
	重点生态功能区所属县域生态环境状况指数	60.4	>60.4		预期性
污染物排放总量	5. 主要污染物排放总量减少（%）				
	化学需氧量			10	约束性
	氨氮			10	约束性
	二氧化硫			15	约束性
	氮氧化物			15	约束性
	6. 区域性污染物排放总量减少（%）				
	重点地区重点行业挥发性有机物			10	预期性
	重点地区总氮			10	预期性
	重点地区总磷			10	预期性
修复生态保护	7. 国家重点保护野生动植物保护率（%）		>95		预期性
	8. 全国自然岸线保有率（%）		>35		预期性
	9. 新增沙化土地治理面积（万平方公里）			10	预期性
	10. 新增水土流失治理面积（万平方公里）			27	预期性

2. 总量控制

总量控制也称总量排放标准，它的产生与环境保护的发展密不可分。

所谓总量控制，就是在规定时间内，对某一区域或某一企业在生产过程中所产生的污染物最终排入环境的数量的限制。企业在生产过程中排放总量包括：以"三废"形式排放的有组织的排放量；以杂质形式附着于产品、副产品、回收品而被带走的量；在生产过程中以跑、冒、滴、漏等形式无组织排放的量。区域排放总量包括：区域内工业污染源、交通污染源、生活污染源产生的污染物的排放量之总和。污染物总量控制是以环境质量目标为基本依据，对区域内各污染源的污染物的排放总量实施控制的管理制度。在实施总量控制时，污染物的排放总量应小于或等于允许排放总量。区域的允许排污量应当等于该区域环境允许的纳污量。环境允许的纳污量则由环境允许负荷量和环境自净容量确定。

在环境质量标准中，规定了污染物的浓度标准，而排到环境中的污染物的总量除了与浓度有关以外，还与污水、大气、固体废物单位时间的排出量有关：

排入环境中的污染物总量＝污染物浓度×单位时间排放量×排放时间

当排放的污染物总量超出环境受纳能力，就会产生污染或环境问题。因此按环境受纳能力来控制污染物的排放总量，就是总量控制。

想一想　要充分利用环境净化能力，达到既环保又经济的目的，在排污少的地区是可以放宽排放标准还是缩紧排放标准？

3. 主要污染物控制指标

化学需氧量（Chemical Oxygen Demand，COD）和二氧化硫（SO_2）是主要污染物控制指标。

水中 COD 越高，表明水体中还原性物质（如有机物）含量越高，而还原性物质可降低水体中溶解氧的含量，导致水生生物缺氧以致死亡，水质腐败变臭。

二氧化硫是无色、有刺激性嗅觉的气体，易溶于水，对人的呼吸器官和眼膜具有刺激作用，吸入高浓度二氧化硫可发生喉头水肿和支气管炎。长期吸入二氧化硫会发生慢性中毒，不仅使呼吸道疾病加重，而且对肝、肾、心脏都有危害。另外，大气中二氧化硫对植物、动物和建筑物都有危害，并使土壤和江河湖泊日趋酸化，是我国酸雨的主要成分。大气中二氧化硫主要来源于含硫金属矿的冶炼、含硫煤和石油的燃烧所排放的废气。

🔊 活动设计

根据相关环境质量标准找出水循环、环境空气中的污染物种类。

🔍 信息栏

2008年9月1日实施的一项国家环境保护标准《环境标志产品技术要求 建筑装饰装修工程》，对装修中室内有害物质的总释放量进行了规定，如室内甲醛浓度<0.07mg/m³，苯的浓度<0.08mg/m³，氨的浓度<0.18mg/m³。同时，该标准还对装饰装修的工程设计、装修材料、施工和工程验收各个环节提出了环保的具体要求。

小结

1. 环保法修订五大亮点

    新举措——建立公共监测预警机制。

    新规定——划定生态保护红线。

    新主体——环境公益诉讼主体扩大。

    新标准——按日计罚无上限。

    新职责——明确政府管理。

2. 环境保护法二十字基本原则

    保护优先、预防为主、综合治理、公众参与、损害担责。

测试题 1_4

一、选择题

1. 新《环保法》于（　　）开始实施。

    A. 2014年10月1日　　　　　　B. 2015年1月1日

    C. 2015年5月1日　　　　　　D. 2015年10月1日

2. 不属于按环境要素划分的环境污染是（　　）。

    A. 大气污染　　　　　　　　B. 水体污染

    C. 工业环境污染　　　　　　D. 土壤污染

3. 化学需氧量的表示是（　　）。

　　A. AOD　　　　B. BOD　　　　C. COD　　　　D. DOD

4. 环境管理系列标准是指（　　）。

　　A. ISO　　　　B. ISO 9000　　C. ISO 14000　　D. ISO 14001

二、填空题

1. 化学需氧量（COD）值越_____，说明水体污染程度越严重。

2. 当排放的污染物总量超出环境受纳能力，就会产生污染或环境问题。因此按环境受纳能力来控制污染物的排放总量，就是_____。

3. 每年的6月5日是_____日。

三、简答题

1. 简述新环保法的二十字基本原则。

2. 简述总量控制的概念。

参考答案

测试题1_4
参考答案

在线测试

▶ 在线题库-【试卷1_4】◀

课题五 三废危害及预防

【知识目标】
1. 了解工业生产过程的三废主要来源。
2. 熟悉三废对大气和水体污染的危害。
3. 掌握三废的常规处理方法。

【能力目标】
能说出预防三废污染的有效措施。

【思政目标】
提高预防三废污染的安全防范意识。

案例分析 I

美国洛杉矶光化学烟雾事件是世界有名的公害事件之一，20世纪40年代初期发生在美国洛杉矶市。光化学烟雾是大量碳氢化合物在阳光作用下，与空气中其他成分起化学作用而产生的。这种烟雾中含有臭氧、氮氧化物、乙醛和其他氧化剂等，滞留市区久久不散。1955年9月，又一次光化学烟雾事件中，由于大气污染和高温，短短两天之内，65岁以上的老人死亡400余人，许多人出现眼睛痛、头痛、呼吸困难等症状。直到20世纪70年代，洛杉矶市还被称为"美国的烟雾城"。

案例分析 II

富山事件又称"骨痛病事件"，是指日本富山县发生的土壤污染公害事件。在日本富川平原上有一条河叫神东川，两岸的人们用河水灌溉农田，万亩稻田飘香。1955年以后流行了一种不同于水俣病的怪病：对死者解剖发现全身多处骨折，有的达73处，身长也缩短了30cm。这种起初不明病因的疾病就是骨痛病。直到1963年方才查明，骨痛病与三井矿业公司炼锌厂的废水有关。原来，炼锌厂成年累月向神东川排放的废水中含有金属镉，农民引河水灌溉，便把废水中的镉转到土壤和稻谷中，两岸农民饮用含镉之水，食用含镉之米，便使镉在体内积存，最终导致骨痛病。

一 工业生产过程中的"三废"

三废，废气、废水、固体废弃物的总称，又可称为"放在错误地点的原料"。将其回收利用，可改善环境卫生。我国对它们的排放和处理都有标准和规定。

工业三废中含有多种有毒、有害物质，影响工农业生产和人民健康。

工业三废的产生主要有三个来源：一是化学反应不完全或者有副反应；二是物理分离中产生的；三是通过非正常时期的短期排放产生的。工业三废若不经妥善处理，如未达到规定的排放标准而排放到环境（大气、水域、土壤）中，超过环境自净能力的容许量，就对环境产生了污染，破坏生态平衡和自然资源。污染物在环境中发生物理的和化学的变化后就又产生了新的物质，这些物质通过不同的途径（呼吸道、消化道、皮肤）进入人的体内，有的直接产生危害，有的还有蓄积作用，会更加严重地危害人的健康。不同物质会有不同影响。

废气，如二氧化碳、二硫化碳、硫化氢、氟化物、氮氧化物、氯、氯化氢、一氧化碳、硫酸（雾）、铅、汞、铍化物、烟尘及生产性粉尘，排入大气，会污染空气。废水排入江河湖海，会导致水质败坏，破坏水产资源，影响生活和生产用水。工业废渣会破坏环境卫生，污染水和空气等。同时，"废渣"是一种自然资源，要想方设法利用，以开辟新的原料来源，减少对环境的污染。

二 "三废"的危害

污染物侵入人体的主要途径：

接触──→皮肤表面──→血液；

吞食──→消化系统──→胃；

吸入──→呼吸系统──→肺。

讨论

① 你认为这三种途径中哪个最危险？能说明理由吗？

② 你知道人体皮肤平均表面积大约是多少吗？人体肺的平均表面积又是多少呢？

1. 大气污染的危害

（1）对人体的危害（表1.1）

表1.1 大气污染物对人体的危害

名称	危害
二氧化硫	视程减少，流泪，眼睛有炎症。闻到有异味，胸闷，呼吸道有炎症，呼吸困难，肺水肿，迅速窒息死亡
硫化氢	恶臭难闻，恶心、呕吐，影响人体呼吸、血液循环、内分泌、消化和神经系统，昏迷，中毒死亡
氮氧化物	闻到有异味，支气管炎、气管炎，肺水肿、肺气肿，呼吸困难，直至死亡
光化学烟雾	眼睛红痛，视力减弱，头疼、胸痛、全身疼痛，麻痹，肺水肿，严重的在1小时内死亡
粉尘	伤害眼睛，视程减少，慢性气管炎、幼儿气喘病和尘肺，死亡率增加，能见度降低，交通事故增多
一氧化碳	头晕、头疼、贫血、心肌损伤，中枢神经麻痹、呼吸困难，严重的在1小时内死亡

（2）对植物的危害

大气污染物，尤其是二氧化硫、氟化物等对植物的危害是十分严重的。当污染物浓度很高时，会对植物产生急性危害，使植物叶表面产生伤斑，或者直接使叶枯萎脱落；当污染物浓度不高时，会对植物产生慢性危害，使植物叶片褪绿，或者表面上看不见什么危害症状，但植物的生理机能已受到了影响，造成植物产量下降，品质变坏。

（3）对天气和气候的影响

大气污染物对天气和气候的影响是十分显著的，如：

① 减少到达地面的太阳辐射量。

② 增加降水量。

③ 下酸雨。

④ 增高大气温度。

⑤ 对全球气候影响大。

近年来，人们逐渐注意到大气污染对全球气候变化的影响问题。经过研究，人们认为在有可能引起气候变化的各种大气污染物质中，二氧化碳具有重大的作用。从地球上无数烟囱和其他种种废气管道排放到大气中的大量二氧化碳，约有50%留在大气里。二氧化碳能吸收来自地面的长波辐射，使近地面层空气温度增高，这叫作"温室效应"。经粗略估算，如果大气中二氧化碳含量增加25%，近地面气温可以增加 0.5~2℃；如果增加 100%，近地面温度可以增高 1.5~6℃。有的专家认为，大气中的二氧化碳含量照现在的速度增加下去，若干年后会使得南北极的冰融化，导致全球的气候异常。

讨论

请举例周边生活中受大气污染的现象。

2. 水体污染的危害

工业废水、生活污水和其他废弃物进入江河湖海等水体，超过水体自净能力所造成的污染，会导致水体的物理、化学、生物等方面特征的改变，从而影响到水的利用价值，危害人体健康或破坏生态环境，造成水质恶化的现象，称之为水污染。如 2015 年，安徽巢湖，随着气温升高，蓝藻进入活跃阶段，西坝口至双桥河段 1.5km，向湖心延伸约 1km 的沿湖水面出现大面积蓝藻集聚，湖水被染成绿色。

水的污染有两类：一类是自然污染；另一类是人为污染。

水体污染的危害主要有以下几点。

① 危害人体健康。

② 危害渔业。

③ 影响农业生产。

④ 对工业也有影响。

3. 工业废渣的危害

工业废渣的性质多种多样，成分也十分复杂，对环境的危害很大，主要表现为以下三大方面。

① 污染土壤。工业废渣的堆放，不仅占用大量的良田沃土，而且其中的有害成分经过自然界的风化、雨淋，到处流失，很容易渗入土壤之中，使土壤毒化、酸化或碱化，对土壤造成很大的污染，影响植被的生长。有些污染物在植物

体内富集，通过食物链影响人体的健康。

② 污染水体。工业废渣在雨水、冰雪的作用下，很容易溶入江河湖海或通过土壤渗入地下水域，其中的有毒有害成分被浸出，从而造成水体的严重污染和破坏。有些工业废渣甚至被直接倒入河流、湖泊或沿海海域，造成更明显的污染。

③ 污染大气。以微粒状存在的废渣，在大风的吹动下会随风飘扬扩散到远处，造成大气的污染。有些工业废渣在适宜的温度和湿度下，会被微生物分解，释放出有害气体。工业废渣在运输和处理过程中，很有可能产生有害气体和粉尘，从而引起大气的污染。

讨论

南洞庭湖附近造纸厂排污口，水位降低，原本沉淀在湖里的污染废渣全部裸露在外。分析造纸厂排放的污染废渣可能会产生哪些危害？

思考

2008年6月1日，我国全国范围内正式实施"限塑令"，你了解"白色污染"的危害性吗？

三 "三废"排放途径及排放特征

1. 大气污染物排放源及排放特征

大气污染物的来源可分为自然污染源和人为污染源两类。自然污染源是指自然原因向环境释放的污染物，如火山喷发、森林火灾、飓风、海啸、土壤和岩石的风化及生物腐烂等自然现象形成的污染源。人为污染源是指人类生活活动和生产活动形成的污染源。按照人们的社会活动功能不同，可将人为污染源分为生活污染源、工业污染源和交通运输污染源三类。

工业企业排放源——排放量大而集中，污染物种类繁多，组成复杂，浓度高。

交通运输排放源——具有流动性，随着经济发展，造成污染日趋严重。

生活炉灶排放源——排放量大，分布广，排放高度低，造成低空污染。

2. 废水的分类

废水可分为生活污水和工业废水。

工业废水 $\begin{cases} 无机废水——采矿、冶金、煤炭、建筑、无机酸制造等行业 \\ 有机废水——造纸、食品加工、石油化工、皮毛加工等 \\ 混合废水——炼焦、化肥、橡胶、制药等 \\ 放射性废水——核电站等 \end{cases}$

讨论

生活污水主要有哪些？至少举三个方面。

3. 废渣的分类

废渣是人类生产和生活过程中排出或投弃的固体、液体废弃物。按其来源分，有工业废渣、农业废渣和城市生活垃圾等。

四 "三废"的常规处理方法

1. 废气的常规处理

想一想

在一些化工厂经常会看到火炬燃烧现象（图1.4），你知道是怎么一回事吗？

工业废气治理污染物的技术针对污染物的不同而不同，可以分为除尘、脱硫脱硝技术，有机废气VOC去除等。

（1）颗粒污染物工业废气处理技术

针对颗粒污染物粒径大小，工业废气处理办法主要有干法、湿法、过滤和静电4类，最常用的是袋式除尘器（过滤）、旋风式除尘器（干法）、泡沫除尘器（湿法）等。随着对除尘效率要求的提高，静电除尘器也逐步开始使用起来。

▲图1.4 化工厂火炬燃烧

静电除尘器由两个电极组成。电极间加上电压后，在电极之间产生电场。颗粒污染物随废气经过电场，粒子被离子碰撞并使其带有电荷，带电的粉尘就向集尘极移动，达到极板。这样，空气中污染物就被吸附在极板上，使空气得到净化，尘粒也由于本身的重力落入灰斗。

静电除尘器可以捕集一切细微粉粒或液滴，而且处理废气量大，应用温度范围广，因此被工业企业广为看好。但由于占地面积大，投资大，使一些中小型企业不能选择。

（2）氮、硫氧化物治理技术

大气中由于有了大量的氮氧化物、硫氧化物，才发生大气污染，产生了一件又一件的污染事件。科学家针对这类氧化物的性质，提出的解决污染的技术有吸收法、吸附法、冷凝法、催化转化法、燃烧法、生物净化法、膜分离法和稀释法。现在最常用的是吸收法，废气经过吸收塔，与塔顶上流下的吸收液发生交流，使吸收液中的成分与废气中的有害成分发生化学反应，减少了废气中的有害成分。最后，当废气从塔顶出来时，已成为洁净的气体。这种治污方法简单，投资少，操作也方便。

治理污染还有一种常用的高烟囱稀释法。20世纪五六十年代，欧洲工业发展迅速，一时找不到适用的治理技术，又不能污染城市，就产生了高达几百米的烟囱，利用高空气流扩散快的特点，使气体污染物得到稀释。这种方法至今仍广泛使用，如德国的鲁尔工业区利用欧洲多南风的特点，通过高度 200～300m 的烟囱，可以把废气扩散到 2000km 以外。美国、日本一些大型企业也常采用这种办法来逃避对环境保护的责任。

（3）有机废气的处理

目前有机废气处理的方法主要有物理法、化学法、生物法，包括吸附、直接燃烧、催化燃烧、化学氧化、生物滤池等处理手段。现阶段我国针对有机废气的处理工艺主要有隔离法、燃烧法、吸收法、冷凝法、等离子低温催化氧化法、吸附法等。工业含尘废气处理流程如图1.5所示。

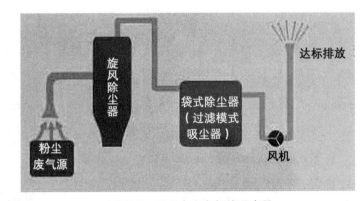

▲图1.5　工业含尘废气处理流程

2. 化工废水处理

表征污水水质的主要指标如下。

① 化学需氧量（COD）。以化学方法测量水样中需要被氧化的还原性物质的量。

② 生化需氧量（Biochemical Oxygen Demand，BOD）。在温度、时间一定的条件下，微生物在分解、氧化水中有机物的过程中所消耗的游离氧的数量。

③ pH值。表示水的酸碱状况。

④ 悬浮物（Suspended Solids，SS）。在吸滤过程中，被石棉层或滤纸所截留的水样中的固体物质经过105℃干燥后的质量。

⑤ 色度。当水中存在某些物质时，使水呈现一定的颜色，即为色度。规定以1mg/L氯铂酸离子形式存在的铂所产生的颜色为1度。

⑥ 氨氮、硝酸盐氮。可反映污水分解过程和经处理后的无机化程度。

废水处理的目的是采取各种技术措施，将废水中含有的各种形态的污染物分离出来，或将其转化成无害和稳定的物质，使废水得到净化。

废水处理技术按照其作用原理可分为物理法、生物法和化学法等；按照处理精度可分为预处理、一级处理、二级处理和三级处理。一般一级处理为物理处理，主要去除废水中呈悬浮状的固体污染物质，处理方法有沉淀、气浮、过滤等。二级处理一般为生化法，多是解决废水中的胶状和溶解性有机污染物质，处理方法有活性污泥法、生物膜法、氧化塘法等。三级处理也称高级处理，一般为化学法，是为了去除特定污染物（如N、P等），使二级处理中未能去除的污染物（细小悬浮物、难生物降解的有机物、微生物等）得以去除，处理方法有中和法、活性炭过滤、离子交换、电渗析、氧化还原等，通过这样处理的水质可以完全达到排放标准。

3. 化工废渣处理

（1）废渣污染控制技术政策

① "无害化"。无害化处理是通过焚烧、填埋、堆肥、粪便的厌氧发酵、有毒废物的热处理和解毒处理等工程，使固体废物达到不损害人体健康、不污染周围自然环境的目的。

② "减量化"。在生产过程的前端考虑资源的综合开发和利用，减少废渣的产生；在生产过程的末端，通过对废渣的压实、破碎等处理手段，减少废渣的体积，达到便于运输、处置等目的。

③ "资源化"。采取适当的措施，从废渣中回收利用有用的物质和能源，使资源再循环。

（2）废渣处理方法

① 焚化法。废渣中有害物质的毒性是由物质的分子结构造成的，而不是由

所含元素造成的。对于这种废渣，一般可采用焚化法分解其分子结构。例如，有机物经焚化后转化为二氧化碳、水和灰分，以及少量含硫、氮、磷和卤素的化合物等。

② 填埋法。填埋有害废弃物，必须做到安全填埋。预先要进行地质和水文调查，选定合适的场地，保证不发生由于滤沥、渗漏而使这些废弃物或淋出液体排入地下水或地面水体，也不会污染空气。对被处理的有害废弃物的数量、种类、存放位置等均应做出记录，避免引起各种成分间的化学反应。对淋出液要进行监测，对水溶性物质的填埋，要铺设沥青、塑料，以防底层渗漏。安全填埋的场地最好选在干旱或半干旱地区。

③ 化学处理法。通过化学反应，使有毒废渣达到无毒或减少毒性。通常采用的方法有酸碱中和法，氧化和还原法，化学沉淀处理法，用水泥、沥青、硅酸盐等材料进行化学固定等。

④ 生物处理法。对各种有机物常采用生物降解法，包括活性污泥法、滴沥池法、气化池法、氧化塘法和土地处理法等。

五 预防三废污染的有效措施

① 源头减量。尽量不产生或者少产生三废是最直接的方法。

② 内部回用。可以减少对于原材料的需求，同时减少废物的产生量。

③ 资源互补。类似桑基鱼塘，这个地方产生的废物可能是那个地方所需的原料，实现外部循环利用。

④ 污染控制。对污染物进行控制排放，使得其浓度和容量都不产生大量的污染和伤害。

⑤ 事后治理。这一点是最无奈也是成本最高的，在一些公害事件发生后，再花大力气去解决。

任务活动

1. 排查三废排放点及其排放特征，同时拟定三废处理对策。

2. 下表为某制药厂废水处理工程的数据，请根据表内数据设计合理的废水处理方案。

项目	COD$_{Cr}$/（mg/L）	BOD$_5$/（mg/L）	SS/（mg/L）	NH$_3$-N/（mg/L）	pH值	色度
进水水质	12000~15000	4700	200			1000 倍

项目	COD_{Cr}/(mg/L)	BOD_5/(mg/L)	SS/(mg/L)	NH_3-N/(mg/L)	pH值	色度
出水要求	<100	<30	20	<15	6~9	

小结

1. 三废的定义：废气、废水、固体废弃物的总称。
2. 三废的危害。
3. 预防三废污染的有效措施：源头减量；内部回用；资源互补；污染控制；事后治理。

测试题 1_5

一、选择题

1. 造成英国"伦敦烟雾事件"的主要污染是（　　）。
   A. 烟尘和二氧化碳　　　　B. 二氧化碳和氮氧化物
   C. 烟尘和二氧化硫　　　　D. 烟尘和氮氧化物
2. 造成全球气候变暖的温室气体，主要为（　　）。
   A. 一氧化碳　　B. 甲烷　　C. 氮氧化物　　D. 二氧化碳
3. 骨痛病是由于人们食用被（　　）污染的谷物后造成的疾病。
   A. 铅　　　　B. 甲基汞　　　　C. 铬　　　　D. 镉
4. 吸收法是化工（　　）的常用处理方法。
   A. 废水　　　　B. 废气　　　　C. 废渣
5. 废水处理中（　　）主要去除废水中呈悬浮状的固体污染物质，处理方法有沉淀、气浮、过滤等。
   A. 一级处理　　B. 二级处理　　C. 三级处理　　D. 四级处理
6. 对气态污染物的治理主要采用（　　）法。
   A. 蒸馏、排放　B. 吸附、吸收　C. 蒸发、过滤　D. 干燥、过滤

二、填空题

1. 废渣是人类生产和生活过程中排出或投弃的固体、液体废弃物。按其来源分，有工业废渣、农业废渣和_____垃圾等。
2. 化工废渣的焚烧处理法适用于含_____成分高的废渣。

三、简答题

1. 简述化工废气的主要常规处理方法。
2. 表征污水的指标有哪些?

参考答案

在线测试

课题六 安全色和安全标志

【知识目标】
1. 熟悉国家标准规定的安全色的含义和用途。
2. 了解安全标志的类别,掌握常见的禁止标志、警告标志、指令标志和提示标志。
3. 了解气瓶和管道上的色标,掌握供电汇流条的色标含义和用途。

【能力目标】
1. 能正确识别和使用安全色。
2. 能正确识别和使用安全标志。
3. 能正确识别和使用气瓶、管道、供电汇流条色标。

【思政目标】
1. 具有规范使用安全色和安全标志的工作作风。
2. 严格牢记标志牌风险提示,提高安全风险意识。

案例分析

工厂的变电站里,我们会发现很多的标示牌:在施工地点,带电的设备有白底黑字红色箭头的"止步,高压危险!"标示牌;在室外和室内工作地点或施工设备上,有黑字白圆圈中间有"在此工作"标示牌;在工作人员上下的铁架、梯子上,悬挂有绿底白圆圈黑字的"从此上下"标示牌;在运行中的变压器梯子上,悬挂有白底红边黑字的"禁止攀登,高压危险!"标示牌。这些随处可见的指示牌,就是安全标志。在电力系统中,这些安全标志对安全生产工作非常重要,为了您和他人的安全,要牢记这些安全标志的含义,并在实际工作中遵守。

一 安全色

1. 安全色的定义

安全色是表达安全信息的颜色,表示禁止、警告、指令、提示等意义。使用安全色,可以使人们对威胁安全和健康的物体和环境作出尽快的反应,迅速发现或分辨安全标志，及时得到提醒，以防止事故、危害发生。

安全色用途广泛，如用于安全标志牌、交通标志牌、防护栏杆及机器上不准乱动的部位等。安全色的应用必须是以表示安全为目的和在规定的颜色范围内。

我国制定了安全色国家标准，规定用红、黄、蓝、绿四种颜色作为通用的安全色。四种安全色的含义和用途如下。

（1）红色

表示禁止、停止、消防和危险的意思。禁止、停止和有危险的器件设备或环境涂以红色的标记。如禁止标志、交通禁令标志、消防设备、停止按钮、停车和刹车装置的操纵把手、仪表刻度盘上的极限位置刻度、机器转动部件的裸露部分、液化石油气槽车的条带及文字、危险信号旗等。

（2）黄色

表示注意、警告的意思。需警告人们注意的器件、设备或环境涂以黄色标记。如警告标志、交通警告标志、道路交通路面标志、带轮及其防护罩的内壁、砂轮机罩的内壁、楼梯的第一级和最后一级的踏步前沿、防护栏杆及警告信号旗等。

（3）蓝色

表示指令、必须遵守的规定。如指令标志、交通指示标志等。

（4）绿色

表示通行、安全和提供信息的意思。可以通行或安全情况涂以绿色标记。如表示通行、机器启动按钮、安全信号旗等。

2. 安全色的对比色

黑、白两种颜色一般作安全色的对比色，主要用作上述各种安全色的背景色，例如安全标志牌上的底色一般采用白色或黑色。

二 安全标志

1. 安全标志的定义

安全标志由安全色、几何图形和图形符号所构成，用以表达特定的安全信息。在必要的情况下，还可以加上补充文字说明。

安全标志是向工作人员警示工作场所或周围环境的危险状况，指导人们采取合理行为的标志。安全标志能够提醒工作人员预防危险，从而避免事故发生；当危险发生时，能够指示人们尽快逃离，或者指示人们采取正确、有效、得力的措施，对危害加以遏制。安全标志不仅类型要与所警示的内容相吻合，而且设置位置要正确合理，否则就难以真正充分发挥其警示作用。

2. 安全标志的类别

安全标志分为禁止标志、警告标志、指令标志和提示标志。

（1）禁止标志

禁止标志的含义是不准或制止人们的某些行动。

禁止标志的几何图形是带斜杠的圆环，其中圆环与斜杠相连，用红色；图形符号用黑色，背景用白色。

常见的禁止标志有：禁放易燃物、禁止吸烟、禁止通行、禁止烟火、禁止用水灭火、禁带火种、禁止启机修理时禁止转动、运转时禁止加油、禁止跨越、禁止乘车、禁止攀登等。

常见的禁止标志如图 1.6 所示。

禁放易燃物

禁止吸烟

禁止通行

禁止烟火

▲图1.6　禁止标志

（2）警告标志

警告标志的含义是警告人们可能发生的危险。

警告标志的几何图形是黑色正三角形，黑色符号和黄色背景。

常见的警告标志有：注意安全、当心触电、当心爆炸、当心火灾、当心腐蚀、当心中毒、当心机械伤人、当心伤手、当心吊物、当心扎脚、当心落物、当心坠落、当心车辆、当心弧光、当心冒顶、当心瓦斯、当心塌方、当心坑洞、当心电离辐射、当心裂变物质、当心激光、当心微波、当心滑跌等。

常见的警告标志如图 1.7 所示。

注意安全

当心触电

当心爆炸

当心火灾

▲图1.7　警告标志

（3）指令标志

指令标志的含义是必须遵守。

指令标志的几何图形是圆形，蓝色背景和白色图形符号。

常见的指令标志：必须戴安全帽、必须穿防护鞋、必须戴防毒面具、必须戴防护眼镜、必须系安全带、必须戴护耳器、必须戴防护手套、必须穿防护服等。

常见的指令标志如图1.8所示。

必须戴安全帽　　　必须穿防护鞋　　　必须戴防毒面具　　　必须戴防护眼镜

▲图1.8　指令标志

（4）提示标志

提示标志的含义是示意目标的方向。

提示标志的几何图形是方形，绿、红色背景，白色图形符号及文字。

常见的一般提示标志（绿色背景）：安全通道、避险处等；消防设备提示标志（红色背景）：消防水带、消防警铃、火警电话、地下消火栓、地上消火栓、灭火器、消防水泵接合器。

常见的提示标志如图1.9所示。

安全通道　　　　　避险处　　　　　消防水带　　　　　消防警铃

▲图1.9　提示标志

三　其他安全色标

除了以上这些安全色和安全标志，在工厂中还有一些色标和安全相关，主要是气瓶、管道和电气供电汇流条等的涂色。这些涂色代表了一定的含义，具体如下。

1. 气瓶的色标

为了能迅速地识别出气瓶内的气体类别，国家对气瓶的色标有规定（GB/T 7144—2016），如表1.2所示。

表1.2 常见气体的气瓶色标

气瓶名称	涂漆颜色	字样	字样颜色
氧气瓶	天蓝	氧	黑
乙炔气瓶	白	乙炔不可近火	红
液化石油气（民用）	银灰	液化石油气	红
丙烷气瓶	褐	液化丙烷	白
氢气瓶	深绿	氢	红
氩气瓶	灰	氩	绿
二氧化碳气瓶	铝白	液化二氧化碳	黑
氮气瓶	黑	氮	黄
氨气瓶	黄	液化氨	黑
氯气瓶	草绿	液化氯	白
压缩空气瓶	黑	空气	白

2. 管道的色标

管道上的色标是为了便于工业管道内的物质识别，确保安全生产，避免在操作或设备检修时发生误判断等情况。

管道色标包含以下几个方面。

（1）识别色

用以识别工业管道内物质种类的颜色。

根据管道内物质的一般性能，分为八类，并相应规定了八种基本识别色和相应的颜色标准，如表1.3所示。

表1.3 常见气体的识别色

物质种类	基本识别色
水	艳绿
水蒸气	大红
空气	淡灰
气体	中黄
酸或碱	紫
可燃液体	棕
其他液体	黑
氧	淡蓝

（2）识别符号

用以识别工业管道内物质名称和状态的记号。

工业管道的识别符号由物质名称、流向和主要工艺参数等组成，如图 1.10 所示。其标志应符合下列要求。

▲图1.10　工业管道标志

- **物质名称的标志**　物质全称，例如氮气、硫酸、甲醇；化学分子式，如N_2、H_2SO_4、CH_3OH。

- **物质流向的标志**　管道内物质的流向用箭头表示。如果管道内物质的流向是双向的，则以双向箭头表示。

- **物质的压力、温度、流速等主要工艺参数的标志**　使用方可按需自行确定采用。

（3）危险标志

表示工业管道内的物质为危险化学品。

- **适用范围**　管道内的物质，凡属于 GB 13690—2009所列的危险化学品，其管道均应设置危险标志。

- **表示方法**　在管道上涂 150mm 宽黄色，在黄色两侧各涂 25mm 宽黑色的色环或色带，如图 1.11 所示。安全色范围应符合 GB 2893—2008 的规定。

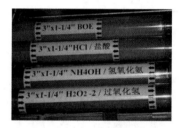

▲图1.11　工业管道危险标志

- **表示场所**　基本识别色的标志上或附近。

（4）消防标志

表示工业管道内的物质专用于灭火。

工业生产中设置的消防专用管道应遵守 GB 13495.1—2015的规定，并在管道上标识"消防专用"识别符号，如图 1.12 所示。

▲图1.12　消防专用管道标志

3. 供电汇流条的色标

在工厂内，变电所的母线和车间配电箱汇流条等都有色标，主要是：A 相母线黄色；B 相母线绿色；C 相母线红色；地线黑色。

小结

1. 安全色是表达安全信息的颜色，表示禁止、警告、指令、提示等意义，有红、黄、蓝、绿四种颜色。

2. 安全标志是由安全色、几何图形和图形符号所构成的用以表达特定的安全信息的标志,向工作人员警示工作场所或周围环境的危险状况,指导人们采取合理行为的标志。安全标志分禁止标志、警告标志、指令标志和提示标志四种。
3. 气瓶的色标:是为了能迅速地识别出气瓶内的气体类别。
4. 管道的色标:是为了识别工业管道内物质名称和状态的记号。
5. 供电汇流条的色标:A 相母线黄色;B 相母线绿色;C 相母线红色;地线黑色。

测试题 1_6

一、选择题

1. 安全色国家标准,规定用( )四种颜色作为通用的安全色。

   A. 红、黄、蓝、白

   B. 红、黄、黑、绿

   C. 红、黄、蓝、绿

   D. 红、黄、紫、绿

2. 安全色中的黄色表示( )。

   A. 注意、警告的意思

   B. 禁止、停止、消防和危险的意思

   C. 指令、必须遵守的规定

   D. 通行、安全和提供信息的意思

二、填空题

1. 安全标志是向工作人员警示工作场所或周围环境的_____状况,指导人们采取合理_____的标志。

2. 安全标志分为_____标志、_____标志、_____标志和_____标志。

3. 为了能迅速地识别出气瓶内的气体类别,国家对气瓶的色标有规定,请把下面表格中气瓶的颜色部分补齐。

气瓶名称	涂漆颜色	字样	字样颜色
氧气瓶		氧	黑
乙炔气瓶		乙炔不可近火	红

续表

气瓶名称	涂漆颜色	字样	字样颜色
液化石油气（民用）		液化石油气	红
压缩空气瓶		空气	白

4. 管道的色标中，根据管道内物质的一般性能，规定相应的基本识别色和颜色标准，请填写下面表格中空缺的识别色。

物质种类	基本识别色
水	
水蒸气	
空气	
氧	

5. 管道色标中的识别符号由_____、_____和_____等组成。

6. 在工厂内，变电所的母线和车间配电箱汇流条等都有色标，主要颜色是：A 相母线_____；B 相母线_____；C 相母线_____；地线_____。

7. 安全色是表达_____的颜色，表示禁止、警告、指令、提示等意义。

8. 安全标志由安全色、几何图形和_____所构成，用以表达特定的安全信息。

三、简答题

1. 请查阅资料，对常见的安全标志进行识别。
2. 请给班级设计一些安全色和安全标志，用以保证班级安全。

参考答案

测试题1_6
参考答案

在线测试

▶ 在线题库-【试卷1_6】◀

实训一
安全色和安全标志设置

实训介绍

某加工厂有机械加工车间一个，里面有车床、钻床、磨床等机械加工设备，配电室一间和办公用房若干，请给这些房间设置安全色和安全标志。根据所给出的安全标志布置在合适位置。

实训内容

活动1：安全标志识别

写出下列安全标志的含义及颜色。

安全标志	含义	颜色

活动2：机加工车间安全色和安全标志设置

根据本任务的情境，给出机加工车间的安全色和安全标志的设置，完成下表。

序号	安全标志或安全色	含义
1		
2		
3		
4		
5		
6		
7		
8		
9		
10		
11		
12		

活动3：办公室安全色和安全标志设置

根据本任务的情境，给出办公室的安全色和安全标志的设置，完成下表。

序号	安全标志或安全色	含义
1		
2		
3		
4		
5		
6		
7		

活动 4：配电房安全色及安全标志设置

根据本任务的情境，给出配电房的安全色和安全标志的设置，完成下表。

序号	安全标志或安全色	含义
1		
2		
3		
4		
5		
6		
7		
8		
9		

参考答案

▶实训一　参考答案◀

模块二
机电安全技术

课题一　机械危险及对策

【知识目标】
1. 了解机械在各种状态的安全问题。
2. 熟悉在机械使用过程中产生的危险。
3. 掌握机械伤害预防的对策。

【能力目标】
1. 能保证机械伤害预防设施完好。
2. 会运用机械伤害预防对策。

【思政目标】
1. 具有工作做到最好的主人翁工作态度。
2. 提高安全责任意识。

案例分析

2000年10月13日，某纺织厂职工朱某与同事一起操作滚筒烘干机进行烘干作业。15:40，朱某在向烘干机放料时，被旋转的联轴器挂住裤脚口，摔倒在地。旁边的同事听到呼救声后，马上关闭电源，使设备停转，才使朱某脱险。但朱某腿部已严重擦伤。引起该事故的主要原因就是烘干机马达和传动装置的防护罩在上一班检修作业后没有及时罩上。

这个事故是由人的不安全行为——违章作业、机械的不安全状态——失去了应有的安全防护装置和安全管理不到位等因素共同作用造成的。安全意识低是造成伤害事故的思想根源，一定要牢记：所有的安全装置都是为了保护操作者生命安全和健康而设置的。机械装置的危险区就像一只吃人的"老虎"，安全装置就是关老虎的"铁笼"。当拆除了安全装置后，这只"老虎"就是安全隐患。

一 机械在各种状态的安全问题

1. 正常工作状态

在机器完好的情况下,机器完成预定功能的正常运转过程中,存在着各种不可避免的却是执行预定功能所必须具备的运动要素,有些可能会产生危险后果。例如,大量形状各异的零部件的相互运动、刀具锋刃的切削、起吊重物、机械运转的噪声等,在机械正常工作状态下就存在着碰撞、切割、重物坠落、使环境恶化等对人身安全不利的危险因素。这些在机器正常工作时产生危险的某种功能,称为危险的机器功能。

2. 非正常工作状态

非正常工作状态是指在机器运转过程中,由于各种原因(可能是人员的操作失误,也可能是动力突然丧失或来自外界的干扰等)引起的意外状态。例如,意外启动、运动或速度变化失控,外界磁场干扰使信号失灵,瞬时大风造成起重机倾覆倒地等。机器的非正常工作状态往往没有先兆,会直接导致或轻或重的事故危害。

3. 故障状态

故障状态是指机械设备(系统)或零部件丧失了规定功能的状态。设备的故障,哪怕是局部故障,有时都会造成整个设备的停转,甚至整个流水线、整个自动化车间的停产,给企业带来经济损失。而故障对安全的影响可能会有以下两种结果。有些故障的出现,对所涉及的安全功能影响很小,不会出现大的危险。例如,当机器的动力源或某零部件发生故障时,使机器停止运转,处于故障保护状态。有些故障的出现,会导致某种危险状态。例如,由于电气开关故障,会产生不能停机的危险;砂轮轴的断裂,会导致砂轮飞甩的危险;速度或压力控制系统出现故障,会导致速度或压力失控的危险等。

4. 非工作状态

机器停止运转处于静止状态时,正常情况下机械基本是安全的,但不排除由于环境照度不够,导致人员与机械悬凸结构的碰撞而使结构垮塌,室外机械在风力作用下的滑移,或倾覆堆放的易燃易爆原材料的燃烧爆炸等。

5. 检修保养状态

检修保养状态是指对机器进行维护和修理作业时(包括保养、修理、改装、翻建、检查、状态监控和防腐润滑等)机器的状态。尽管检修保养一般在停机状态下进行，但其作业的特殊性往往迫使检修人员采用一些超常规的做法。例如，攀高、钻坑、将安全装置短路、进入正常操作不允许进入的危险区等，使维护或修理容易出现在正常操作时不存在的危险。

在机械使用的各个环节，机器的不同状态都有危险因素存在，既可在机器预定使用期间经常存在（危险运动件的运动、焊接时的电弧等），也可能意外地出现，使人员不得不面临受到这样或那样伤害的风险。人们把使人面临损伤或危害健康风险的机器内部或周围的某一区域称为危险区。就大多数机器而言，传动机构和执行机构集中了机器上几乎所有的运动零部件。它们种类繁多、运动方式各异、结构形状复杂、尺寸大小不一，所以，即使在机器正常状态下进行正常操作时，在传动机构、执行机构及其周围区域，都有可能形成机械的危险区。由于传动机构在工作中不需要与物料直接作用，也不需要操作者频繁接触，所以常用各种防护装置隔离或封装起来。而执行机构由于在作业过程中，需要操作者根据情况不断地调整执行机构与物料的相互位置和状态，使人体的某些部位不得不经常进入操作区，使操作区成为机械伤害的高发区，这是机械的主要危险区，是安全防护的重点。由于不同种类机器的工作原理区别很大，表现出来的危险有较大差异，因此又成为安全防护的难点。另外，移动式支承装置的安全防护较固定式更应引起注意。

二 由机械产生的危险

由机械产生的危险是指在使用机械的过程中，可能对人的身心健康造成损伤或危害的起源。由于危险是引起或增加伤害的条件，所以常称为危险因素。危险通常与其他词组合使用，或具体限定其起源的特定性质，如机械危险、电危险、噪声危险等，或预测对人员造成伤害的作用方式，如打击危险、挤压危险、中毒危险等。还有其他表述形式，在此不一一列举。机械的危险可能来自机械自身、机械的作用对象、人对机械的操作，以及机械所在的场所等，有些危险是显现的，有些是潜在的，有些是单一的，有些交织在一起，表现为复杂、动态、随机的特点。因此，必须把人、机、环境这个机械加工系统作为一个整体研究对象，用安全系统的观点和方法，识别和描述机械在使用过程中可能产生的各种危险、危险状态以及预测可能发生的危险事件，为机械的安全设计以及制定有关机械安全标准和对机械系统进行安全风险评估提供依据。

1. 机械危险

由于机械设备及其附属设施的构件、零件、工具、工件或飞溅的固体和流体物质等的机械能（动能和势能）作用，可能产生伤害的各种物理因素以及与机械设备有关的滑绊、倾倒和跌落危险。

2. 电气危险

电气危险的主要形式是电击、燃烧和爆炸。其产生条件可以是：人体与带电体的直接接触；人体接近带高压电体；带电体绝缘不充分而产生漏电、静电现象；短路或过载引起的熔化粒子喷射、热辐射和化学效应。

3. 温度危险

一般将 29℃以上的温度称为高温，-18℃以下的温度称为低温。

① 高温对人体的影响：高温烧伤、烫伤，高温生理反应。

② 低温冻伤和低温生理反应。

③ 高温引起的燃烧或爆炸。

温度危险产生的条件有环境温度、热源辐射或接触高温物（材料、火焰或爆炸物）等。

4. 噪声危险

按产生的原因分，噪声主要有机械噪声、电磁噪声和空气动力噪声。其造成的危害如下。

① 对听觉的影响。根据噪声的强弱和作用时间不同，可造成耳鸣、听力下降、永久性听力损失，甚至耳聋等。

② 对生理、心理的影响。通常 90dB（A）以上的噪声对神经系统、心血管系统等都有明显的影响。低噪声，会使人产生厌烦、精神压抑等不良心理反应。

③ 干扰语言通信和听觉信号而引发其他危险。

5. 振动危险

振动对人体可造成生理和心理的影响，造成损伤和病变。严重的振动（或长时间不太严重的振动）对人可能产生生理严重失调（血脉失调，如神经失调、骨关节失调、腰痛和坐骨神经痛等）。

6. 辐射危险

可以把产生辐射危险的各种辐射源（离子化或非离子化）归为以下几个方面。

① 电波辐射，有低频辐射、无线电射频辐射和微波辐射；

② 光波辐射，主要有红外线辐射、可见光辐射和紫外线辐射；

③ 射线辐射，有 X 射线和 γ 射线辐射；

④ 粒子辐射，主要有 α、β 粒子射线辐射，电子束辐射，离子束辐射和中子辐射等；

⑤ 激光。

辐射的危险是杀伤人体细胞和机体内部的组织，轻者会引起各种病变，重者会导致死亡。

7. 材料和物质产生的危险

① 接触或吸入有害物（如有毒、腐蚀性或刺激性的液、气、雾、烟和粉尘）所导致的危险。

② 火灾与爆炸危险。

③ 生物（如霉菌）和微生物（如病毒或细菌）危险。

使用机械加工过程的所有材料和物质都应考虑在内。例如：构成机械设备、设施自身（包括装饰装修）的各种物料；加工使用、处理的物料（包括原材料、燃料、辅料、催化剂、半成品和生产成品）；剩余和排出物料，即生产过程中产生、排放和废弃的物料（包括气、液、固态物）。

8. 未履行安全人机学原理而产生的危险

由于机械设计或环境条件不符合安全人机学原理的要求，存在与人的生理或心理特征、能力不协调之处，可能会产生以下危险。

① 对生理的影响。负荷（体力负荷、听力负荷、视力负荷等）超过人的生理范围，长期静态或动态型操作姿势、劳动强度过大或过分用力所导致的危险。

② 对心理的影响。对机械进行操作、监视或维护而造成精神负担过重或准备不足、紧张等而产生的危险。

③ 对人操作的影响。表现为操作偏差或失误而导致的危险等。

三 机械伤害预防的对策

机械危害风险的大小除取决于机器的类型、用途、使用方法，人员的知识、技能、工作态度等因素外，还与人们对危险的了解程度和所采取的避免危险的技术有关。正确判断什么是危险和什么时候会发生危险是十分重要的。

预防机械伤害包括以下两方面的对策。

1. 实现机械安全

① 消除产生危险的原因。

② 减少或消除接触机器危险部件的需求。

③ 使人们难以接近机器的危险部位（或提供安全装置，使得接近这些部位不会导致伤害）。

④ 提供保护装置或者防护服。

上述措施是依次序给出的，也可以结合起来使用。

2. 保护操作者和有关人员安全

① 通过培训，提高人们辨别危险的能力。

② 通过对机器的重新设计，使危险更加醒目（或者使用警示标志）。

③ 通过培训，提高避免伤害的能力。

④ 增强采取必要的行动来避免伤害的自觉性。

小结

1. 机械在各种状态的安全问题：① 正常工作状态；② 非正常工作状态；③ 故障状态；④ 非工作状态；⑤ 检修保养状态。
2. 由机械产生的危险：① 机械危险；② 电气危险；③ 温度危险；④ 噪声危险；⑤ 振动危险；⑥ 辐射危险；⑦ 材料和物质产生的危险；⑧ 未履行安全人机学原理而产生的危险。
3. 机械伤害预防的对策：① 实现机械安全；② 保护操作者和有关人员安全。

测试题 2_1

一、选择题

1. 在机器运转过程中，由于各种原因（可能是人员的操作失误，也可能是动力突然丧失或来自外界的干扰等）引起的意外状态，是机器工作在（　　　）。

   A. 正常工作状态　　　　　　　　B. 非正常工作状态

   C. 非工作状态　　　　　　　　　D. 故障状态

2. 下列哪种伤害不属于机械伤害的范围？（   ）

   A. 夹具不牢固导致物件飞出伤人

   B. 金属切屑飞出伤人

   C. 红眼病

   D. 砂轮轴断裂，砂轮飞甩伤人

3. 所有机器的危险部分，应（   ）来确保工作安全。

   A. 标上机器制造商铭牌　　　　　　B. 涂上警示颜色

   C. 安装合适的安全防护装置　　　　D. 放置不管

4. 预防机械伤害主要包括两方面的对策，其中实现机械本质安全的主要内容不包括（   ）。

   A. 消除产生危险的原因

   B. 通过培训，提高避免伤害的能力

   C. 减少或消除接触机器危险部件的次数

   D. 提供保护装置或者个人防护装置

二、填空题

1. 故障状态是指机械设备（系统）或_____丧失了规定功能的状态。

2. 机械危害风险的大小除取决于机器的类型、用途、使用方法，人员知识、技能、工作态度等因素外，还与人们对危险的了解程度和所采取的_____的技术有关。

三、简答题

1. 由机械产生的危险有哪些？

2. 机械伤害预防的对策有哪些？

参考答案

测试题2_1 参考答案

在线测试

在线题库-【试卷2_1】

课题二　触电防护技术

【知识目标】
1. 准确区分触电事故的类型。
2. 熟悉触电的几种方式。
3. 熟悉影响触电危害程度的因素。
4. 掌握触电防护措施。
5. 掌握触电急救方法。

【能力目标】
1. 能分析触电事故的原因。
2. 会应用各种触电防护措施。
3. 会实施触电急救。

【思政目标】
提高安全规范用电的触电防范意识。

案例分析

　　2002 年 9 月 11 日，因台风下雨，深圳市某工程人工挖孔桩停工。天晴雨停后，工人们返回工作岗位进行作业。约 15:30，又一阵雨，大部分工人停止作业返回宿舍，因地质情况特殊，25 号和 7 号桩孔需继续施工，江某等两人负责 25 号桩作业。此时，配电箱进线端电线因无穿管保护，电线被电箱进口处外壳割破绝缘，造成电箱外壳、PE 线、提升机械、钢丝绳和吊桶带电，江某触及带电的吊桶遭电击，经抢救无效死亡。
　　发生这起触电事故的原因，是绝缘破坏，被电击死亡。说明设备触电防护措施不到位，未能做到安全规范用电。

一　触电事故类型

当人体接触带电体时，电流会对人体造成程度不同的伤害，即发生触电事故。触电事故类型可分为电击和电伤两种。

1. 电击

电击是指电流通过人体时所造成的身体内部伤害，它会破坏人的心脏、呼吸系统及神经系统的正常工作，使人出现痉挛、窒息、心颤、心脏骤停等症状，甚至危及生命。绝大部分触电死亡事故都是由电击造成的。通常所说的触电事故基本上是指电击事故。

按照发生电击时电气设备的状态，电击可分为直接接触电击和间接接触电击。

① 直接接触电击。人体直接触及正常运行的带电体所发生的电击，也称为正常状态下的电击。图 2.1 为直接接触电击示意图。

② 间接接触电击。电气设备发生故障后人体触及意外带电部位所发生的电击，也称为故障状态下的电击。图 2.2 为间接接触电击示意图。

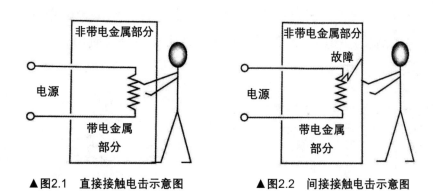

▲图2.1　直接接触电击示意图　　　▲图2.2　间接接触电击示意图

2. 电伤

电伤是指由电流的热效应、化学效应或机械效应对人体造成的伤害。电伤可伤及人体内部，但多见于人体表面，且常会在人体上留下伤痕。电伤包括电弧烧伤、电烙印、皮肤金属化和电光眼等。

① 电弧烧伤，又称为电灼伤，是电伤中最常见也最严重的一种，多由电流的热效应引起。症状是皮肤发红、起泡，甚至皮肉组织破坏或被烧焦。

② 电烙印，是指电流通过人体后，在接触部位留下的斑痕。斑痕处皮肤变硬，失去原有的弹性和色泽，表层坏死，失去知觉。

③ 皮肤金属化，是指由于电流或电弧作用产生的金属微粒渗入了人体皮肤造成的，受伤部位变得粗糙坚硬并呈特殊颜色。皮肤金属化多在弧光放电时发生，而且一般都伤在人体的裸露部位。与电弧烧伤相比，皮肤金属化并不是主要伤害。

④ 电光眼，表现为角膜炎或结膜炎。在弧光放电时，紫外线、可见光、红外线均可能损伤眼睛。对于短暂的照射，紫外线是引起电光眼的主要原因。

二 触电方式

发生触电事故的情况是多种多样的，归纳起来主要有单相触电、两相触电和跨步电压触电等几种触电方式。

1. 单相触电

当人体直接碰触电源的一根相线或漏电设备的外壳时，电流通过人体流入大地，这种触电现象称为单相触电。对于高压带电体，人体虽未直接接触，但由于超过了安全距离，高电压对人体放电，造成单相接地而引起的触电也属于单相触电。

低压电网通常采用变压器低压侧中性点直接接地和中性点不直接接地的接线方式。图 2.3 所示为电源变压器的中性点通过接地装置和大地做良好连接的单相触电。图 2.4 所示为电源变压器的中性点不接地的供电系统的单相触电。实际上，中性点不接地的供电系统仅局限在游泳池和矿井等处应用，所以单相触电发生在中性点接地的供电系统中最多。

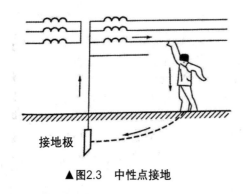

▲图2.3 中性点接地

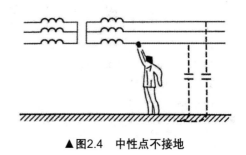

▲图2.4 中性点不接地

2. 两相触电

当人体的两处同时触及电源的两根相线发生触电的现象，称为两相触电，如两手或手和脚。在两相触电时，虽然人体与大地有良好的绝缘，但因人同时和两根相线接触，人体受380V 电压的作用，并且电流大部分通过心脏，因此是最危险的。图 2.5 为两相触电示意图。

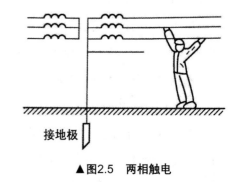

▲图2.5 两相触电

3. 跨步电压触电

当一根带电导线断落地上时，落地点的电位就是导线所具有的电位，电流会从落地点直接流入大地。离落地点越近，地面电位越高。人的两脚若站在离落地点远近不同的位置上，两脚之间就存在电位差，这个电位差称为跨步电压。落地电线的电压越高，距落地点同样距离处的跨步电压就越大。跨步电压触电如图 2.6 所示。

导线断落地后，不但会引起跨步电压触电，还容易产生接触电压触电。

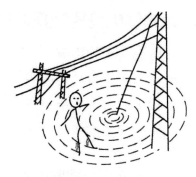

▲图2.6　跨步电压触电

此外，雷电时发生的触电现象称为雷击触电。人和牲畜都有可能由于跨步电压或接触电压而导致触电。

4. 剩余电荷触电

电气设备的相间绝缘和对地绝缘都存在电容效应。由于电容器具有储存电荷的性能，因此在刚断开电源的停电设备上，都会保留一定量的电荷，称为剩余电荷。如此时有人触及停电设备，就可能遭受剩余电荷电击。另外，如大容量电力设备和电力电缆、并联电容器等，在摇测绝缘电阻后或耐压试验后都会有剩余电荷的存在，设备容量越大，电缆线路越长，这种剩余电荷的积累电压越高。因此，在摇测绝缘电阻或耐压试验工作结束后，必须注意充分放电，以防剩余电荷电击。

5. 感应电压触电

带电设备的电磁感应和静电感应作用能使附近的停电设备上感应出一定的电位，其数值的大小取决于带电设备电压的高低、停电设备与带电设备两者的平行距离、几何形状等因素。感应电压往往是在电气工作者缺乏思想准备的情况下出现的，因此，具有相当的危险性。在电力系统中，感应电压触电事故屡有发生，甚至造成伤亡事故。

6. 静电触电

静电电位可高达数万伏至数十万伏，可能发生放电，产生静电火花，引起爆炸、火灾，也能造成对人体的电击伤害。由于静电电击不是电流持续通过人体的电击，而是由于静电放电造成的瞬间冲击性电击，能量较小，通常不会造成人体心室颤动而死亡。但是其往往会造成二次伤害，如高处坠落或其他机械性伤害，因此同样具有相当的危险性。

三 影响触电危害程度的因素

1. 电流大小的影响

电流的大小直接影响人体触电的伤害程度。不同的电流会引起人体不同的反应。根据人体对电流的反应,习惯上将触电电流分为感知电流、反应电流、摆脱电流和心室纤颤电流。

2. 电流持续时间的影响

人体触电时间越长,电流对人体产生的热伤害、化学伤害及生理伤害越严重。一般情况下,工频电流 15~20mA 以下及直流电流 50mA 以下,对人体是安全的。但如果触电时间很长,即使工频电流小到 8~10mA,也可能使人致命。

3. 电流流经途径的影响

电流流过人体的途径,也是影响人体触电严重程度的重要因素之一。当电流通过人体心脏、脊椎或中枢神经系统时,危险性最大。电流通过人体心脏,会引起心室颤动,甚至使心脏停止跳动。电流通过背脊椎或中枢神经,会引起生理机能失调,造成窒息致死。电流通过脊髓,可能导致截瘫。电流通过人体头部,会造成昏迷等。

4. 人体电阻的影响

在一定电压作用下,流过人体的电流与人体电阻成反比,因此,人体电阻是影响人体触电后果的一个因素。人体电阻主要由皮肤电阻和体内电阻构成。人体电阻一般为 1000~3000Ω,为了安全起见,人体电阻可按 1000Ω 考虑。

人体皮肤电阻与皮肤状态有关,随条件不同在很大范围内变化。如皮肤在干燥、洁净、无破损的情况下,电阻值就较高;而潮湿的皮肤,人体电阻就较低;同时,人体电阻还与皮肤的粗糙程度有关。此外,人体与带电体的接触面积、压力越大,人体电阻就越小,触电的危险性也就越大。

5. 电流频率的影响

经研究表明,人体触电的危害程度与触电电流频率有关。一般来说,频率在 25~300Hz 的电流对人体触电的伤害程度最为严重,低于或高于此频率段的电流对人体触电的伤害程度明显减轻。如在高频情况下,人体能够承受更大的电流作用。目前,医疗上采用 20kHz 以上的高频电流对人体进行治疗。

6. 人体状况的影响

电流对人体的伤害作用与性别、年龄、身体及精神状态有很大的关系。一般地说，女性比男性对电流敏感；小孩比大人敏感。

四 触电防护措施

为了达到安全用电的目的，应针对不同类型触电事故的规律性，采取相应的安全防护措施，防止触电事故发生。所有电气装置都必须具备防止电击危害的直接触电防护措施和间接触电防护措施。

1. 直接触电防护

（1）绝缘

绝缘是用绝缘材料对带电体进行封闭和隔离的安全技术措施。良好的电气绝缘能使设备长期、安全地正常运行，同时可以防止人体触及带电部分，避免触电事故的发生。

常用的绝缘材料有以下几种。

① 气体绝缘材料：常用的有空气和六氟化硫等。

② 液体绝缘材料：常用的有绝缘矿物油、十二烷基苯、聚丁二烯和硅油等。

③ 固体绝缘材料：常用的有绝缘云母制品、电工胶带、电工塑料盒、绝缘橡胶、玻璃和陶瓷等。

> ⚠ 注意事项
>
> 绝缘体承受的电压超过一定数值时，电流穿过绝缘体而发生放电现象，称为电击穿。所以使用的绝缘安全用具，如绝缘手套、绝缘鞋和绝缘垫等，其绝缘需定期检测，以保证电气绝缘的安全可靠。

（2）屏护

屏护是指采用遮栏、围栏（图2.7）、护罩或隔离板等把带电体同外界隔绝开来，以防止人体触及或接近带电体所采取的一种安全技术措施。

屏护装置不直接与带电体接触，对所用材料的电性能没有严格要求。但是对于金属材料的屏护装置，为了防止其意外带电造成触电事故，必须将其可靠连接保护线。

▲图2.7 围栏屏护

屏护装置应用广泛，如配电装置的遮栏、开关的罩盖、母线的护网等。

> ⚠ 注意事项
> ① 屏护装置应与带电体之间保持足够的安全距离。
> ② 被屏护的带电部分应有明显标志，标明规定的符号或涂上规定的颜色。
> ③ 遮栏出入口的门上应根据需要装锁，或采用信号装置、联锁装置。

（3）间距

间距是将带电体置于人和设备所及范围之外的安全措施。带电体与地面之间、带电体与其他设备或设施之间、带电体与带电体之间，均应保持必要的安全距离。

① 线路间距：如架空线路与地面、水面之间，电压小于等于 1kV 时，距离应该大于 6m。

② 用电设备间距：如室内灯具高度应大于 2.5m，受实际条件约束达不到时，可减为 2.2m；低于 2.2m 时，应采取适当安全措施。

③ 检修间距：为了防止人体接近带电体，在带电体附近作业时，必须留有足够的检修间距。低压操作中，人体及其所带工具与带电体的距离不应小于 0.1m。

2. 间接触电防护

（1）保护接地

保护接地是指将电气设备平时不带电的金属外壳与大地有效连接，常简称为接地，如图 2.8 所示。保护接地的作用是当设备金属外壳意外带电时，将其对地电压限制在规定的安全范围内，消除或减小触电的危险。保护接地适用于各种中性点不接地电网。在这类配电网中，凡由于绝缘损坏或其他原因而可能呈现危险电压的金属部分，除另行规定外，均应接地。对于所有高压电气设备，一般都实行保护接地。

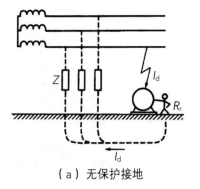 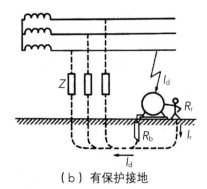

（a）无保护接地　　　　　　（b）有保护接地

▲图2.8　保护接地原理示意图

（2）保护接零

保护接零是将电气设备在正常情况下不带电的金属外壳用导线与电压配电系统零线相连接的防护技术，如图2.9所示。常简称为接零。

在实施上述保护接零的低压系统中，如果电气设备发生了单相碰壳漏电故障，便形成了一个单相短路回路，因此故障电流很大，足以保证在最短的时间内使熔丝熔断、保护装置或自动开关跳闸，从而切断电源，保障了人身安全。

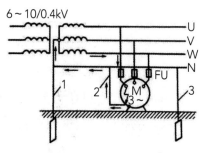

▲图2.9　保护接零、工作接地、重复接地示意图
1—工作接地；2—保护接零；3—重复接地

3. 电参数保护防护

（1）采用安全电压

安全电压是通过对可能会作用于人体的电压进行限制，从而使触电时流过人体的电流受到抑制，将触电危险性控制在没有危险的范围内的工作电压。

我国国家标准对安全电压有相应的规定，其工频有效值的等级为42V、36V、24V、12V和6V。应该注意，在任何情况下都不能把安全电压理解为绝对没有危险的电压，安全电压应根据使用环境、人员和使用方式等因素确定。例如，特别危险环境中使用的手持电动工具应采用42V；有电击危险环境中使用的手持照明灯应采用36V或24V；金属容器内或特别潮湿处使用的手持照明灯应采用12V；水下作业等场所应采用6V。

（2）采用漏电保护器

漏电保护就是剩余电流动作保护，是利用剩余电流动作保护装置来防止电气事故的一种安全技术措施。剩余电流动作保护装置的英文缩写为RCD（Residual Current Device）。漏电保护器是一种利用检测相线对地漏电或触电电流的大小，当电路中漏电电流值达到或超过其规定值时，能发出动作跳闸信号，并完成动作跳闸任务的保护电器。

漏电保护器的主要参数为动作电流和动作时间。动作电流反映了剩余电流动作保护装置的灵敏度。

漏电保护器分类如下。

① 按动作灵敏度可分为：高灵敏度，漏电动作电流在30mA以下；中灵敏度，动作电流为30~1000mA；低灵敏度，动作电流在1000mA以上。

② 按动作时间可分为：快速型，漏电动作时间小于0.1s；延时型，动作时

间大于 0.1s，在 0.1~2s 之间；反时限型，随漏电电流的增加，漏电动作时间减小。

由于各种人身触电事故引起的后果严重，所以要选用灵敏度较高的漏电保护器。如对于电动工具、移动式电气设备和临时线路，应在回路中安装动作电流为 30mA、动作时间在 0.1s 之内的漏电保护器；对家用电器较多的居民住宅，漏电保护器最好安装在进户电能表后。

五 触电急救

1. 触电急救原则

触电急救的要点是抢救迅速，救护得法，切不可惊慌失措，束手无策。

一般触电急救步骤：

① 迅速关闭电源开关，或用绝缘物品使触电者脱离带电物品。

② 保持呼吸道畅通，如呼吸或心跳停止，立即进行心肺复苏，并坚持长时间进行恢复呼吸和心跳。

③ 立即拨打 120 急救电话，寻求急救服务。

④ 妥善处理局部电烧伤的伤口。

人触电以后，可能由于痉挛或失去知觉等而不能自行摆脱电源，这时迅速使触电者脱离电源是急救的第一步，而后，应迅速对其伤害情况做出简单诊断。

2. 人体触电后处理

观察一下人体触电后的表现，摸一摸颈部或腹股沟处的大动脉有没有搏动，看一看瞳孔是否放大。一般可按下述情况处理。

（1）假死

如果病人处于"假死"状态，应立即对症施行人工呼吸或者心肺复苏术，或者同时使用两种方法进行抢救，并速请医生诊治或送往医院。应特别注意急救要尽早地进行，不能只等待医生的到来；在送往医院的途中，也不能停止急救工作。

（2）局部电灼伤

触电者神态清醒，但有乏力、头昏、心慌、出冷汗、恶心、呕吐等症状，应使病人就地安静休息，症状严重的，小心护送至医院检查治疗。

（3）伤害较轻

病人心跳尚存，但神志昏迷，应保持病人周围空气流通，注意保暖，做好人工呼吸和心脏按压的准备工作,并立即通知医疗部门或用担架送病人去医院抢救。

小结

1. 触电事故类型:电击和电伤。
2. 触电方式:单相触电、两相触电、跨步电压触电、剩余电荷触电、感应电压触电和静电触电等。
3. 影响触电危害程度的因素:① 电流大小的影响;② 电流持续时间的影响;③ 电流流经途径的影响;④ 人体电阻的影响;⑤ 电流频率的影响;⑥ 人体状况的影响。
4. 掌握触电防护措施
   (1) 直接触电防护:绝缘、屏护和间距。
   (2) 间接触电防护:保护接地和保护接零。
   (3) 电参数保护防护:安全电压和漏电保护器选用。
5. 掌握触电急救方法
   (1) 触电急救原则。
   (2) 摆脱电源的方法。
   (3) 人体触电后处理。

测试题 2_2

一、选择题

1. 在以接地电流入地点为圆心,(　　)m 为半径范围内行走的人,两脚之间承受跨步电压。
   A. 1000　　　　　　　　　B. 100
   C. 50　　　　　　　　　　D. 20
2. 50mA 电流属于(　　)。
   A. 感知电流　　　　　　　B. 摆脱电流
   C. 致命电流　　　　　　　D. 安全电流

3. 在下列电流路径中，最危险的是（　　）。

　　A. 左手—前胸　　　　　　　B. 左手—双脚

　　C. 右手—双脚　　　　　　　D. 左手—右手

4. 人体电阻一般情况下取（　　）考虑。

　　A. 1～10Ω　　　　　　　　B. 10～100Ω

　　C. 1～2kΩ　　　　　　　　D. 10～20kΩ

5. （　　）属于电击伤害。

　　A. 电烧伤　　　　　　　　　B. 电光眼

　　C. 心脏骤停　　　　　　　　D. 皮肤金属化

6. 大部分的触电死亡事故是（　　）造成的。

　　A. 电伤　　　　　　　　　　B. 摆脱电流

　　C. 电击　　　　　　　　　　D. 电烧伤

7. 从防触电的角度来说，绝缘、屏护和间距是防止（　　）的安全措施。

　　A. 电磁场伤害　　　　　　　B. 间接接触电击

　　C. 静电电击　　　　　　　　D. 直接接触电击

8. 漏电保护器是一种在规定条件下电路中漏电电流值达到或超过其规定值时（　　）断开电路或发出报警的装置。

　　A. 手动　　　　B. 电动　　　　C. 自动

9. 进入储罐进行检修作业时，照明设施的安全电压为（　　）。

　　A. 6V　　　　　　　　　　　B. 12V

　　C. 24V　　　　　　　　　　D. 36V

10. 在低压工作中，人体及所携带的工具与带电体距离不应小于（　　）。

　　A. 0.1m　　　　　　　　　　B. 1m

　　C. 1.5m　　　　　　　　　　D. 10m

二、填空题

1. 触电事故可以分为＿＿＿＿＿＿和＿＿＿＿＿＿两种类型。

2. 按照人体触及带电体的方式和电流流过人体的途径，触电可以分为＿＿＿＿＿＿、＿＿＿＿＿＿和＿＿＿＿＿＿三种方式。

3. 间距是将＿＿＿＿＿＿置于人和设备所及范围之外的安全措施。

4. 触电急救的要点是抢救迅速，救护得法，切不可惊慌失措，呼叫电话应该拨打＿＿＿＿＿＿急救服务。

5. 绝大部分触电死亡事故都是由_____造成的。

6. 电伤是指由_____的热效应、化学效应或机械效应对人体造成的伤害。

7. 特别潮湿处使用的手持照明灯应采用_____V。

8. _____就是剩余电流动作保护，是利用剩余电流动作保护装置来防止电气事故的一种安全技术措施。

三、简答题

1. 小鸟两只脚站在高压线上为什么不会触电？
2. 简述常见的触电防护措施。

参考答案

测试题2_2
参考答案

在线测试

▶ 在线题库-【试卷2_2】◀

课题三 静电防护

【知识目标】
1. 准确掌握静电产生的原因。
2. 了解静电的危害。
3. 掌握影响静电积聚的因素。

【能力目标】
1. 能分析静电事故的原因。
2. 能说出防范静电的措施。

【思政目标】
提高静电安全的防范意识。

案例分析

2007 年 10 月 26 日,某危险化学品生产企业发生一起由静电引起的危险品火灾事故。一名员工对搅拌缸的油漆进行调色。在投加溶剂油时,右手用小铁勺(无接地)将溶剂过滤,沿缸壁边投加到大缸内。过滤网突然起火,因溶剂挥发性大,员工穿着的防静电服瞬间被点燃。

事故原因分析:

① 员工操作使用的过滤网金属圈没有静电接地,在添加溶剂时,过滤网金属圈形成浮游金属产生静电,与金属小勺放电产生火花,将周边可燃的溶剂蒸气点燃。

② 员工使用的防静电服材质含有化纤成分,一旦有火源,非常容易引火燃烧并迅速蔓延,受伤人员短时间无法摆脱。

一 静电的成因

所谓静电,并非绝对静止的电,而是宏观范围内暂时失去平衡的相对静止的正电荷和负电荷。在正常状况下,物质的质子数与电子数量相同,正负平衡,所以对外表现出不带电的现象。但当物质受到外力致使电子脱离轨道,此时物质内部电荷分布失衡，静电产生。

日常生活中静电现象很常见。在干燥的天气中用塑料梳子梳头，可以听到清晰的"噼啪"声；夜晚脱衣服时，能够看见明亮的蓝色小火花。冬、春季节的北方或西北地区，有时会在客人握手寒暄之际，出现双方骤然缩手或几乎跳起的喜剧场面，这是由于客人在干燥的地毯或木质地板上走动，电荷积累又无法泄漏，握手时发生了轻微电击的缘故。

在工业生产中，静电现象也是很常见的，特别是石油化工企业，塑料、化纤等合成材料生产企业，橡胶制品生产企业，印刷和造纸企业，纺织企业以及其他制造、加工、运输高电阻材料的企业，都会经常遇到有害的静电。

二 静电的危害

化工生产中，静电的危害主要有三个方面，即引起火灾和爆炸、静电电击、引起生产中各种困难而妨碍生产。

1. 引起爆炸和火灾

静电能量虽然不大，但因其电压很高，很容易发生放电情况，如果所在场所有易燃物质，又有由易燃物质形成的爆炸性混合物（包括爆炸性气体和蒸气），以及爆炸性粉尘等，即可能由静电火花引起爆炸或火灾。

在化工生产中，由静电火花引起爆炸和火灾事故是静电最为严重的危害。一些轻质的油料及化学溶剂，如汽油、煤油、酒精、苯等容易挥发，与空气形成爆炸性混合物。在这些液体的运输、搅拌、过滤、注入、喷出和流出等工艺过程中，容易由静电火花引起火灾或爆炸。

此外，在化工操作过程中，操作人员在活动时，穿的衣服、鞋以及携带的工具与其他物体摩擦时，就可能产生静电。当携带静电荷的人走近金属管道和其他金属物体时，人的手指或脚趾会释放出电火花，容易酿成静电灾害。

2. 静电电击

静电电击不是电流持续通过人体的电击，而是由静电放电造成的瞬间冲击性电击。这种瞬间冲击性电击不至于直接使人死亡，人大多数只是产生痛感和震颤。但是，在生产现场却可造成指尖负伤，或因为屡遭电击后产生恐惧心理，从而使工作效率下降。此外，还会由于电击的原因，引起手被轧进滚筒中或造成高空坠落等二次伤害事故的发生。

在化工生产中,电击现象随处可见。如橡胶和塑料制品等高分子材料与金属接触摩擦时,产生的静电电荷往往不易泄漏。此时人体接近这些带电体,就会受到意外的电击。这种电击是由带电体向人体发生放电、电流流向人体而产生的。同样,当人体带有较多静电电荷时,电流流向接地体,也会发生电击现象。

某轮胎厂的卧式裁断机上,测得橡胶布静电的电位是 20~28kV,当操作人员接近橡胶布时,头发会竖立起来;当手靠近时,会受到强烈的电击。人体受到静电电击时的反应见表2.1。

表2.1 静电电击时人体感受强度

静电电压/kV	电击感受强度	备注
1.0	无任何感觉	
2.0	手指外侧有感觉但不痛	发出微弱的放电声响
2.5	放电部分有针刺感,有些微颤感,但不痛	
3.0	有像针刺样的痛感	可看到放电时的发光
4.0	手指有微痛感,好像用针深深地刺一下的痛感	
5.0	手掌至前腕有电击痛感	由指尖延伸放电发光
6.0	感到手指强烈疼痛,受电击后手腕有沉重感	
7.0	手指、手掌感到强烈疼痛,有麻木感	
8.0	手指至前腕有麻木感	
9.0	手腕感到剧烈疼痛,手麻木而沉重	
10.0	全手感到疼痛和电流流过感	
11.0	手腕感到剧烈麻木,全手有强烈的触电感	
12.0	有较强的触电感,全手有被狠打的感觉	

3. 妨碍生产

在某些生产过程中,如不消除静电,将会妨碍生产或降低产品质量。在化工生产中,静电的影响主要表现在粉料加工,塑料、橡胶加工和感光胶片加工工艺过程中。

① 在筛分粉体过程中,由于静电电场力的作用,筛网吸附了细微的粉末,使筛孔变小,降低了生产效率;在气流输送工序,管道的某些部位由于静电作用积存一些被输送物料,减小了管道的流通面积,使输送效率降低;在球磨工序,因为钢球带电而吸附了一层粉末,不但会降低球磨的粉碎效果,而且这一层粉末

脱落下来混进产品中，会影响产品细度，降低产品质量；在计量粉体时，由于计量器具吸附粉体，造成计量误差，影响投料或包装重量的正确性；粉体装袋时，因为静电斥力的作用，使粉体四散飞扬，既损失了物料，又污染了环境。

② 在塑料和橡胶行业，由于制品与辊轴的摩擦、制品的挤压或拉伸，会产生较多的静电。因为静电不能迅速消失，会吸附大量灰尘，而为了清扫灰尘要花费很多时间，浪费了工时。塑料薄膜还会因静电作用而缠卷不紧。

③ 在感光胶片行业，由于胶片与辊轴的高速摩擦，胶片静电电压可高达数千伏至数万伏。如果在暗室发生静电放电，胶片将因感光而报废。同时，静电使胶卷基片吸附灰尘或纤维，降低了胶片质量，还会造成涂膜不均匀等。

随着科学技术的现代化，化工生产普遍采用计算机控制，由于静电的存在，可能会影响计算机的正常运行，致使系统发生错误动作而影响生产。

但静电也有其可被利用的一面。静电技术作为一项先进技术，在工业生产中已得到了越来越广泛的应用。如静电除尘、静电喷漆、静电植绒、静电选矿、静电复印等，都是利用静电的特点来进行工作的。它们是利用外加能源来产生高压静电场，与生产工艺过程中产生的有害静电不尽相同。

三 静电积聚及其影响因素

静电积聚是由于物体上静电起电的速率超过静电消散的速率而在其上呈现静电荷的积累过程。物质静电积聚是物质内因和外因相互作用产生的结果。

（1）内因

与物体本身的性质，如物质的溢出功、电阻率及介电常数等内因密切有关。

① 溢出功。任何两种固体物质，当两者相距小于 25×10^{-8} cm 紧密接触时，在接触界面上会产生电子转移现象。溢出功较小的一方失去电子带正电，而另一方就获得电子带负电。

② 电阻率。电阻率高的物质，其导电性能差，带电层中的电子移动较困难，构成了静电荷集聚的条件。

③ 介电常数（电容率）。物质的介电常数是决定静电电容的主要因素，它与物质的电阻率一起影响着静电产生的结果。

（2）外因

物质静电的产生还需要一定的外界条件。如不同物质间的紧密接触带电、带电体对物质的附着带电、电场中物质感应带电以及极化带电。

① 接触带电。两物质表面紧密接触后快速分离，因接触产生了电子的转移，促使静电产生。

② 附着带电。某种极性离子或自由电子附着在与大地绝缘的物体上，也会使该物体呈带静电的现象。

③ 感应带电。电场中的导体在电场的作用下，出现正、负电荷在其表面分布不同的现象，称之为感应带电。

④ 极化带电。静电非导体置于电场中，其内部或外表不同部位会出现正、负相反的两种电荷的现象，称之为极化带电。

四 防范静电措施与规程

所谓静电防护，是指为防止静电积累所引起的人身电击、火灾或爆炸、电子器件的失效和损坏以及对生产的不良影响而采取的防范措施。其防范原则主要是抑制静电的产生、加速静电的泄漏、进行静电中和。

防止静电引起火灾爆炸事故是化工静电安全的主要内容。静电引起火灾爆炸的基本条件如图 2.10 所示。在静电引起火灾爆炸的条件中，只要消除其中一个，就能达到防静电起火爆炸的目的。

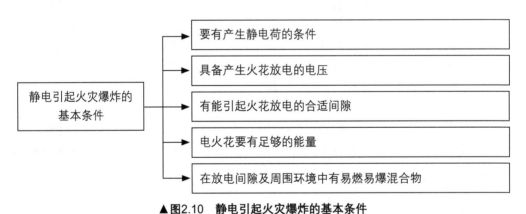

▲图2.10　静电引起火灾爆炸的基本条件

防止静电危害的基本途径：在工艺方面控制静电的发生量；采用泄漏导走的方法，消除静电荷的积聚；利用设备生产出异性电荷，中和生产过程中产生的静电电荷。具体措施有以下六大方面。

1. 环境危险程度的控制

为了防止静电危害，可以采取减轻或消除所在场所周围环境火灾、爆炸危险性的间接措施。如用不燃介质代替易燃介质、通风、惰性气体保护、负压操作等。在工艺允许的情况下,采用较大颗粒的粉体代替较小颗粒粉体,也是减轻场所危险性的一个措施。

2. 改进工艺控制静电的产生

工艺的改进是从工艺上采取措施,来避免静电的产生与积聚,是静电消除的主要方式之一。常见的工艺改进方法有以下几种。

(1)选择合适的材料

一种材料与不同种类的其他材料摩擦时,所带的静电电荷数量和极性随其材料的不同而不同。可以根据静电起电序列选用适当的材料匹配,使生产过程中产生的静电互相抵消,从而达到减少或消除静电危险的目的。如氧化铝粉经过不锈钢漏斗时,静电电压为 -100V,经过虫胶漆漏斗时,静电电压为 +500V,适当选配由这两种材料制成的漏斗,静电电压可以降低为零。

(2)控制加工工艺顺序

在工艺允许的前提下,适当安排加料顺序,也可降低静电的危险性。例如,某搅拌作业中,最后加入汽油时,液浆表面的静电电压高达 11~13kV。后来改变加料顺序,先加入部分汽油,后加入氧化锌和氧化铁,进行搅拌后加入石棉等填料及剩余少量的汽油,能使液浆表面的静电电压降至 400V 以下。这一类措施的关键,在于确定了加料顺序或器具使用的顺序后,操作人员不可任意改动。否则,会适得其反,静电电位不仅不会降低,相反还会增加。

(3)控制输送物料流速

输送液体物料时,允许流速与液体电阻率有着十分密切的关系。当电阻率小于 $10^7\Omega \cdot cm$ 时,允许流速不超过 10m/s;当电阻率为 $10^7 \sim 10^{11}\Omega \cdot cm$ 时,允许流速不超过 5m/s;当电阻率大于 $10^{11}\Omega \cdot cm$ 时,允许流速取决于液体的性质、管道直径和管道内壁光滑程度等条件。例如,烃类燃料油在管内输送,管道直径为 50mm 时,流速不得超过 3.6m/s;直径 100mm 时,流速不得超过 2.5m/s;但是,当燃料油带有水分时,必须将流速限制在 1m/s 以下。输送管道应尽量减少转弯和变径。操作人员必须严格执行工艺规定的流速,不能擅自变动。

(4)增加静止时间

化工生产中将苯、二硫化碳等液体注入容器、储罐时,都会产生一定的静电荷。液体内的电荷将向器壁及液面集中并可慢慢泄漏消散,完成这个过程需要一定的时间。如向燃料中注入重柴油,装到 90%时停泵,液面静电位的峰值常常出现在停泵以后的 5~10s 内,然后电荷就很快衰减掉,这个过程持续时间为

70~80s。由此可知,刚停泵就进行检测或采样是危险的,容易发生事故。应该静止一定的时间,待静电基本消散后再进行有关的操作。操作人员懂得这个道理后,就应自觉遵守安全规定,千万不能操之过急。

静止时间应根据物料电阻率、物料容积、气象条件等具体情况决定,也可参考表2.2的经验数据。

表2.2 静止时间   min

物料电阻率/(Ω·cm)		$1×10^8$~$1×10^{12}$	$1×10^{12}$~$1×10^{14}$	$>10^{14}$
物料容积	<10m³	2	4	10
	10~50m³	3	5	15

（5）改变灌注方式

为了减少从储罐顶部灌注液体时的冲击而产生的静电,要改变灌注管头的形状和灌注方式。经验表明,锥形、45°斜口形和人字形灌注管头,有利于降低储罐液面的最高静电电位。为了避免液体的冲击、喷射和溅射,应将进液管延伸至近底部位。

3. 静电的泄漏导走控制

静电的泄漏导走是在生产过程中,采用空气增湿、加抗静电剂及静电接地的方法,将带电体上的电荷导入大地,以期达到静电安全的目的。

（1）增湿处理

空气增湿可以降低静电非导体的绝缘性,湿空气可在物体表面覆盖一层导电的液膜,提高静电荷经物体表面的泄放能力,把所产生的静电导入大地。在工艺条件许可时,宜采用安装空调设备、喷雾器等办法,以提高场所环境相对湿度,消除静电危害。用增湿法消除静电危害的效果显著。例如,某粉体筛选过程中,相对湿度低于50%时,测得容器内静电电压为40kV;相对湿度为60%~70%时,静电电压为18kV;相对湿度为80%时,电压为11kV。从消除静电危害的角度考虑,相对湿度在70%以上较为适宜。

（2）抗静电剂的加入

抗静电剂具有较好的导电性能或较强的吸湿性。因此,在易产生静电的高绝缘材料中加入抗静电剂,可使材料的电阻率下降,加快静电泄漏,消除静电危险。

抗静电剂的种类很多,有无机盐类,如氯化钾、硝酸钾等;有表面活性剂类,如脂肪族磺酸盐、季铵盐、聚乙二醇等;有无机半导体类,如亚铜、银、铝等的卤化物;有高分子聚合物类等。

在塑料行业,为了长期保持静电性能,一般采用内加型表面活性剂。在橡胶行业,一般采用炭黑、金属粉等添加剂。在石油行业,采用油酸盐、环烷酸盐、合成脂肪酸盐作为抗静电剂。

(3) 静电接地连接

接地是消除静电危害最常见的措施,在化工生产中,以下工艺设备应采取接地措施。

① 输送、储存各种易燃液体、气体和粉体的设备必须接地。如过滤器、升华器、吸附器、反应器、储槽、储罐、传送胶带、液体和气体等物料管道、取样器、检尺棒等,应该接地。输送可燃物料的管道要连成一个整体,并予以接地。管道的两端和每隔 200~300m 处,均应接地。平行管道相距 10cm 以内时,每隔 20m 应用连接线连接起来,管道与管道、管道与其他金属构件交叉时,若间距小于 10cm,也应互相连接起来。

② 倾注溶剂的漏斗、工作站台、磅秤等辅助设备,均应接地。

③ 在装卸汽车槽车之前,应与储存设备跨接并接地。装卸完毕,应先拆除装卸管道,静置一段时间后,再拆除跨接线和接地线。油轮的船壳应与水保持良好的导电性连接,装卸油时也要遵循先接地后接油管、先拆油管后拆接地线的原则。

④ 可能产生和积累静电的固体和粉体作业设备,如压延机、上光机、砂磨机、球磨机、筛分机、捏和机等,均应接地,静电接地的连接线应保证足够的机械强度和化学稳定性,连接应当可靠。操作人员在巡回检查中,应经常检查接地系统是否良好,不得有中断处。接地电阻不超过规定值(现行有关规定为 100Ω)。

4. 静电的中和与屏蔽

静电中和是用极性相反的离子或电荷中和危险的静电,从而减少带电体上的静电量。

静电消除器是一种产生电子或离子的装置,借助于产生的电子或离子中和物体上的静电,从而达到消除静电的目的。静电消除器具有不影响产品质量、使用比较方便等优点。常用的静电消除器有以下几种。

(1) 感应式消除器

这是一种没有外加电源、最简便的静电消除器，可用于石油、化工、橡胶等行业。它由若干支放电针、放电刷或放电线及其支架等附件组成。生产物料上的静电在放电针上感应出极性相反的电荷，针尖附近形成很强的电场，当局部场强超过 30kV/cm 时，空气被电离，产生正负离子，与物料电荷中和，达到消除静电的目的。

(2) 高压静电消除器

这是一种带有高压电源和多支放电针的静电消除器，可用于橡胶、塑料行业。它是利用高电压使放电针尖端附近形成强电场，将空气电离以达到消除静电的目的。使用较多的是交流电压消除器。直流电压消除器由于会产生火花放电，不能用于有爆炸危险的场所。

在使用高压静电消除器时，要十分注意绝缘是否良好，要保持绝缘表面的洁净，定期清扫和维护保养，防止发生触电事故。

(3) 高压离子流静电消除器

这种消除器是在高压电源作用下，将经电离后的空气输送到较远的需要消除静电的场所。它的作用距离大，距放电器 30~100cm 有满意的消电效能，一般取 60cm 比较合适。使用时，空气要经过净化和干燥，不应有可见的灰尘和油雾，相对湿度应控制在 70% 以上，放电器的压缩空气进口处的压力不能低于 0.049~0.098MPa。此种静电消除器，采用了防爆型结构，安全性能良好，可用于爆炸危险场所。如果加上挡光装置，还可以用于严格防光的场所。

(4) 放射性辐射消除器

这是利用放射性同位素使空气电离，产生正负离子去中和生产物料上的静电。放射性辐射消除器距离带电体越近，消电效应就越好，距离一般取 10~20cm。采用 α 射线时，距离放射源应该保持在几厘米的范围内；采用 β 射线时，距离放射源应该保持在几十厘米的范围内。因此，在使用放射性辐射消除器时，最好参考设备的使用手册、安全指南，或咨询专业人士，以获得准确的距离要求和操作指导。

放射线辐射消除器结构简单，不要求外接电源，工作时不会产生火花，适用于有火灾和爆炸危险的场所。使用时要有专人负责保养和定期维修，避免撞击，防止射线的危害。

静电消除器的选择，应根据工艺条件和现场环境等具体情况而定。操作人员要做好消除器的有效工作，不能以生产操作不便为借口而自行拆除或挪动其位置。

静电屏蔽是把带电体用接地的金属板、网包围或用接地导线匝缠绕,将电荷对外的影响局限于屏蔽层内,同时屏蔽层内的物质也不会受到外电场的影响。

5. 人体静电的消除

人体的防静电主要是防止带电体向人体放电或人体带静电所造成的危害,具体有以下几个措施。

① 采用金属网或金属板等导电材料遮蔽带电体,以防止带电体向人体放电。操作人员在接触静电带电体时,宜戴用金属线和导电性纤维做的混纺手套,穿防静电工作服。

② 穿防静电工作鞋。防静电工作鞋的电阻为 $10^5 \sim 10^7 \Omega$,穿着后人体所带静电荷可通过防静电工作鞋及时泄漏掉。

③ 在易燃场所入口处,安装废铝或铜等导电金属的接地通道,操作人员从通道经过后,可以导除人体静电。同时,入口门的扶手也可以采用金属结构并接地,当手触门扶手时可导除静电。

④ 采用导电性地面是一种接地措施,不但能导走设备上的静电,而且有利于导除积累在人体上的静电。导电性地面是指用电阻率 $1 \times 10^6 \Omega \cdot cm$ 以下的材料制成的地面。

6. 加强静电安全管理

静电安全管理包括制定安全操作规程、制定静电安全指标、静电安全教育、静电检测管理等。

小结

1. 静电的危害
   (1) 静电引起爆炸和火灾。
   (2) 静电电击。
   (3) 静电妨碍生产。
2. 防止静电危害主要措施
   (1) 环境危险程度的控制。
   (2) 改进工艺控制静电的产生。
   (3) 静电的泄漏导走控制。

（4）静电的中和与屏蔽。

（5）人体的防静电措施。

（6）加强静电安全管理。

测试题 2_3

一、选择题

1. 静电防护的核心是（　　）。

   A. 静电的产生　　B. 静电的消除　　C. 静电的利用　　D. 静电的防护

2. 为了保证防静电手环在操作者工作时可以有效、及时地将静电释放掉，需要在（　　）上岗前检查其是否可以正常工作。

   A. 每周　　　　B. 每日　　　　C. 每月　　　　D. 每次

3. 对经常移动的人员（含现场管理人员）接触元器件、线路板时，要（　　）。

   A. 佩戴防静电手套　　　　　　B. 佩戴防静电手环

   C. 穿防静电工作服　　　　　　D. 可以不做任何防护

4. 操作人员上岗前，防静电手环要进行测试，并按要求填写（　　）。

   A. 设备点检记录表　　　　　　B. 过程状态标识卡

   C. 防静电手环测试记录　　　　D. 工装验证检查表

5. 佩戴防静电手环的目的是为减少（　　）对原材料、半成品及成品的损害，减少在线产品的返修量，提高产品质量。

   A. 静电　　　　B. 磕碰线路板　　C. 员工　　　　D. 随意走动

6. 从静电防护角度出发，环境（　　），对静电的防护就越有利。

   A. 温度越高，湿度越大　　　　B. 温度越低，湿度越小

   C. 温度越低，湿度越大　　　　D. 温度越高，湿度越小

二、填空题

1. 当物质受到外力致使_____脱离轨道，此时物质内部电荷分布失衡，静电产生。

2. 化工生产中，静电的危害主要有三个方面，即引起火灾和爆炸、_____和引起生产中各种困难而妨碍生产。

3. 静电能量虽然不大，如果所在场所有易燃物质，又有由易燃物质形成的爆

炸性混合物,有可能由_____引起爆炸或火灾。

4. 物质静电积聚是物质_____相互作用产生的结果。

5. 静电手环须戴于_____之上。

6. 静电对_____造成的损坏有显性和隐性两种。

7. 静电电击不是电流持续通过人体的电击,而是由静电放电造成的_____冲击性电击。

三、简答题

1. 哪几种外界条件会产生物质带电?
2. 防止静电危害的主要措施有哪些?

参考答案

测试题2_3 参考答案

在线测试

在线题库-【试卷2_3】

课题四 高处作业规范

【知识目标】
1. 了解高处作业危险性。
2. 掌握高处作业的等级和分类。

【能力目标】
能应用高处作业事故预防措施。

【思政目标】
1. 增强高处作业事故安全防范意识。
2. 具有踏实严谨和吃苦耐劳的优秀品质。

案例分析

3月3日上午,阴雨天,管工班冯某、易某、罗某等8人,参加完班前会后,通过管廊东侧直爬梯到达E10管廊上进行管托安装作业。9:30左右安装完第1个管托。10:08左右雨突然下大,大家都四处躲雨,罗某喊了一声"下雨了",便沿着西侧已禁止使用的楼梯(该楼梯因设计变更及部分钢格板缺货,施工未完,已采取围挡措施,通道悬挂着明确的红色禁行警示)下行。在行走过程中,罗某从未施工完的楼梯拐角孔洞处失足坠落。坠落过程中,撞击到二层楼梯护栏(标高9.2m)后弹出,落到地面发电机防护棚的脚手架管(标高3m)上,最后坠落到地面。10min后救护车将其送至医务室,经抢救无效,于3月3日11时左右死亡。

原因分析如下。

① 罗某为避雨,从禁止使用的楼梯下行,从孔洞中失足坠落,是事故发生的直接原因。由于安全帽佩戴不合格,坠落过程中安全帽脱落,头部与脚手架管相撞,使其颅脑严重损伤,导致其死亡。

② 管道工程公司专业项目部对罗某教育培训不到位。事发当天,罗某刚从F1预制厂转到事发现场,对现场情况不了解,对新工作环境潜在的危险认识不足,管道工程公司专业项目部未安排对其进行针对性的教育,所

在班组对作业岗点作业的危险分析针对性不强，上岗施工前的"三交一清"不完整，没有交代未完施工楼梯的危险性，是导致事故发生的间接原因。

③ 项目部对现场的监督检查及督促整改不到位。在钢格板未到货，楼梯已于 2 月 28 日停止施工的情况下，项目部对现场防护设施认识存在偏差，只采取警示设施而没有采取硬件上合格的封堵设施，是导致事故发生的间接原因。

一 高处作业

1. 高处作业的定义

高处作业是指人在一定位置为基准的高处进行的作业。GB/T 3608—2008《高处作业分级》规定：凡在坠落高度基准面 2m 以上（含 2m）有可能坠落的高处进行的作业，都称为高处作业。如图 2.11 所示，以作业人员的脚下平面为作业高度面，其与坠落高度基准面之间的垂直距离的最大值大于等于 2m。

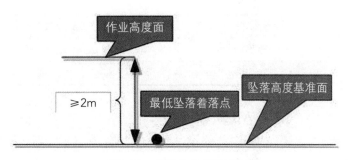

▲图2.11 高处作业标准示意图

- 坠落高度基准面：通过最低坠落着落点的水平面。
- 最低坠落着落点：在作业位置可能坠落到的最低点。
- 高处作业的高度：作业区各作业位置至相应坠落高度基准面之间的垂直距离的最大值。

此外，在化工企业，作业虽在 2m 以下，但属下列作业的仍视为高处作业：虽有护栏的框架结构装置，但进行的是非经常性工作，有可能发生意外的工作；在无平台、无护栏的塔、釜、炉、罐等化工设备和架空管道上的作业；高大单独的化工设备容器内进行的登高作业；作业地段的斜坡（坡度大于 45°）下面或附近有坑、井和风雪袭击、机械震动以及有机械转动或堆放物易伤人的地方作业等。

高处作业具有高处坠落的危险。我国工业生产伤亡事故统计中所占比例最大的便是高处坠落。一般情况下，当人从 2m 以上的高处坠落时，很可能造成重伤、残废或甚至死亡。

2. 高处作业的种类

高处作业的分类方法较多,可以从作业高度、作业形式、特殊作业等角度进行分类。

(1) 从作业高度分类

根据 GB/T 3608—2008 的规定,以作业高度作为划分标准,高处作业可分成一级、二级、三级和特级四个级别。此外,不同的作业高度,可能坠落范围半径也不同。通常可以根据作业高度 h 来确定可能坠落范围半径 R,如表2.3所示。

表2.3　高处作业分类级别

作业级别	作业高度 h/m	坠落范围半径 R/m
一级高处作业	$2 \leq h < 5$	3
二级高处作业	$5 \leq h < 15$	4
三级高处作业	$15 \leq h < 30$	5
特级高处作业	$h \geq 30$	6

(2) 从作业形式分类

从作业形式分类主要包括临边、洞口、攀登、悬空、交叉等五种基本类型(图2.12),这些类型的高处作业是高处作业伤亡事故可能发生的主要地点。

▲图2.12　高处作业形式分类

① 临边作业。当作业中工作面的边沿没有围护设施或围护设施的高度低于800mm时,这类作业称为临边作业,如图2.13所示。

② 洞口作业。在施工过程中,凡深度在2m及2m以上的人井、沟槽、管道和梯笼开口等孔洞边沿上的高处作业,均属于洞口作业,如图2.14所示。

③ 攀登作业。借助建筑结构或脚手架上的登高设施或采用梯子或其他登高设施在攀登条

▲图2.13　临边作业

▲图2.14 洞口作业　　　　　▲图2.15 攀登作业　　　　　▲图2.16 悬空作业

件下进行的高处作业，如图 2.15 所示。如基站施工中的三联卡作业、线路作业中的竹梯上的作业等。

④ 悬空作业。在周边临空状态下进行的高处作业。其特点是操作者在无立足点或无牢靠立足点条件下进行高处作业，如图 2.16 所示。如大楼外墙清洗作业、线路作业中的悬架上的作业等。

⑤ 交叉作业。在施工现场的上下不同层次，于空间贯通状态下同时进行的高处作业，如图 2.17 所示。如基站施工中的布放天馈线作业等。

（3）常见的特殊高处作业

具有直接引起坠落的客观危险因素的高处作业为特殊高处作业。

▲图2.17 交叉作业

① 阵风风力五级（风速 8.0m/s）以上。

② 平均气温等于或低于 5℃ 的作业环境。

③ 接触冷水温度等于或低于 12℃ 的作业。

④ 作业场所有冰、雪、霜、水、油等易滑物。

⑤ 作业场所光线不足，能见度差。

⑥ 作业活动范围与危险电压带电体的距离小于表 2.4 的规定。

表2.4　作业活动范围与危险电压带电体的距离

危险电压带电体的电压等级/kV	距离/m
≤10	1.7
35	2.0
63～110	2.5
220	4.0

续表

危险电压带电体的电压等级/kV	距离/m
330	5.0
500	6.0

⑦ 摆动，立足处不是平面或只有很小的平面，即任一边小于 500mm 的矩形平面、直径小于 500mm 的圆形平面或具有类似尺寸的其他形状的平面，致使作业者无法维持正常姿势。

⑧ GBZ/T 189.10—2007《工作场所物理因素测量 第 10 部分：体力劳动强度分级》规定的Ⅲ级或Ⅲ级以上的体力劳动强度。

⑨ 存在有毒气体或空气中含氧量低于 19.5%的作业环境。

⑩ 可能会引起各种灾害事故的作业环境和抢救突然发生的各种灾害事故。

二 高处作业安全操作规范

1. 高处作业的危险因素

在高处作业中危险隐患主要有以下四个方面。

（1）易发场所

① 临边地带。

② 作业平台。

③ 高空吊篮。

④ 脚手架。

⑤ 梯子。

（2）人的不规范行为

① 高处作业人员未佩戴（或不规范佩戴）安全带。

② 使用不规范的操作平台。

③ 使用不可靠的立足点。

④ 冒险或认识不到危险的存在。

⑤ 身体或心理状况不佳。

（3）管理方面的缺失

① 未及时为作业人员提供合格的个人防护用品。

② 监督管理不到位或对危险源视而不见。

③ 教育培训（包括安全交底）未落实、不深入或教育效果不佳。

④ 未明示现场危险。

（4）外界环境的不确定因素

① 强风、雨雪天气。

② 光线不足。

③ 异温（温度过低或过高）。

2. 高处作业的安全防护用具

高处作业过程中发生的物体坠落事故比较多，为了有效避免这些危险的发生，必须正确地选择有效防护用具。

通常正确使用安全帽、安全带和安全网，能很大程度上减少高处作业中事故和伤害的发生。除了上述三种安全防护用具，还有部分安全辅助设施，包括脚手架、梯子、警戒线、安全标志牌、其他应急设施等。

（1）安全帽

① 安全帽的结构。安全帽由帽壳、帽衬、帽扣及下颌带组成。

② 安全帽的种类。安全帽按照用途可分为一般作业用和特殊作业用两大类，具体见表2.5。

表2.5 安全帽的类别、标记、适用场所和性能

类别	标记	适用场所	必备性能
一般作业	Y	一般场所	冲击吸收、耐穿刺
特殊作业	T1	有火源	冲击吸收、耐穿刺、阻燃
	T2	井下、隧道、地下工程、采伐	冲击吸收、耐穿刺、侧向刚性
	T3	井下瓦斯矿	冲击吸收、耐穿刺、侧向刚性、抗静电、阻燃
	T4	带电、低温	冲击吸收、耐穿刺、电绝缘、耐低温（-20℃）

③ 安全帽的使用注意事项。

a. 根据作业场所选用安全帽的类型。安全帽为头部防护用品，不能做其他用，不能随便拆除帽上的零件。

b. 安全帽不应储存在酸、碱、高温、日晒等场所，更不可和坚硬物放一起。

c. 经常检查，发现问题及时更换。一般情况下，塑料帽使用不超过两年半。

d. 正确佩戴。帽衬顶端与帽壳内顶必须保持25~50mm的空间，切不可头触帽壳内顶，并系好下颌带，扣好帽扣。

（2）安全带

① 安全带的结构。安全带是作业人员预防高处坠落的防护设备，一般由带、绳及金属配件组成。

② 安全带的种类。安全带以作业性质和结构形式分类，见表2.6。

表2.6　安全带的分类

按作业性质分	按结构形式分
围杆作业安全带	双背带式安全带
悬挂作业安全带	单腰带式安全带
攀登作业安全带	防下脱式安全带
	自锁式安全带
	速差式安全带

③ 安全带的使用注意事项。

a. 安全带应高挂低用，并注意防止摆动碰撞。

b. 不准将绳打结使用，也不准将钩直接挂在固定物上，应挂在连接环上使用。

c. 安全带不准系挂在有尖锐棱角的构件上。

d. 安全带上各零部件不得任意拆除，更换新绳时要同时加包套。

e. 对安全带要经常进行外观检查，发现异常时立即更换。一般情况下，安全带的使用年限为3～5年。

f. 使用后的安全带应妥善保管，应放在干燥通风处，不要接近高温、明火、酸、碱等化学品及尖锐坚硬的物体，也不要长时间暴晒。

g. 安全带使用2年后应抽验一次，合格才可继续使用。

（3）安全网

安全网是高处作业时用来防止人、物坠落或用来避免、减轻坠落及物击伤害的多人共用的防护设备。

① 安全网的种类。安全网按功能可分为平网（P）、立网（L）、密目式安全立网（ML）。

② 安全网的使用注意事项。

a. 安装或拆除安全网时若是在高处作业，要遵守高处作业的安全操作规范。

b. 安全网尽可能接近工作面。

c. 保证安全网下方有足够的净空。

d. 安全网应该有足够保护工作面的面积。

e. 检查安全网支撑桩、柱的设计是否能防止坠落人员落在上面。

f. 使用时应按 GB 5725—2009《安全网》的要求进行安装和坠落测试,满足要求后方可投入使用。

g. 安全网应每周至少检查一次磨损、损坏和老化情况。

h. 掉入安全网的材料、构件和工具应及时清除。

（4）脚手架

脚手架的使用注意事项如下。

① 脚手架的搭设必须符合国家、行业有关规程或标准的要求。

② 搭架人员必须经特殊作业人员的培训并考核合格,做到持证上岗。

③ 应使用符合国家、行业有关标准规范的吊架、脚手板、防护围栏和挡脚板等。

④ 作业前,作业人员应仔细检查作业平台是否坚固、牢靠,安全措施是否落实。

（5）梯子

① 梯子的种类。梯子有直梯和人字梯。

② 梯子的使用注意事项。

a. 使用前应仔细检查,结构必须牢固。

b. 踏步间距不得大于 0.4m。

c. 人字梯应有坚固的铰链和限制跨度的拉链。

d. 禁止踏在梯子顶端工作:

—— 用直梯时,脚距梯子顶端不得少于 4 步。

—— 用人字梯时,脚距梯子顶端不得少于 2 步。

3. 高处作业的安全措施

（1）高处作业前的安全措施

首先要针对作业内容,做好风险识别,制订作业方案和程序;办理《高处安全作业证》,落实安全防护的措施;做好安全教育和安全交底;做好紧急救护的各项准备;检查作业人员的安全防护用具。

（2）高处作业过程中的安全措施

① 要求作业人员严格按照规程实施方案。

② 正确使用登高用具和防护用具。

③ 作业过程中不得随意改变个人防护用品的状态。

④ 高处作业应有监护人全程进行监护。

⑤ 作业现场可能发生坠落的物件，应一律先撤除或者加以固定。

⑥ 高处作业所使用的工具和材料等应装入工具袋，上下时手中不得持物。

（3）高处作业后的安全措施

作业完毕后清理作业现场，拆除作业的辅助用具，余料、废料及时运出。设立警戒区，拆除脚手架，拆除工作不得上下同时进行。高处作业完毕后，临时用电的线路应由具有特种作业操作证的电工拆除。作业人员安全撤离现场，验收人员在《高处安全作业证》上签字。

小结

1. 凡在坠落高度基准面 2m 以上（含 2m）有可能坠落的高处进行的作业，都称为高处作业。

2. 高处作业的分类

　　（1）按作业高度分：一级、二级、三级、特级。

　　（2）按作业形式分：临边、洞口、攀登、悬空、交叉。

　　（3）特殊作业：十一种。

3. 高处作业的危险因素：① 易发场所；② 人的不规范行为；③ 管理方面的缺失；④ 外界环境的不确定因素。

4. 高处作业使用的安全防护用具：① 安全帽；② 安全带；③ 安全网；④ 脚手架；⑤ 梯子。

5. 高处作业的安全措施

　　（1）高处作业前的安全措施。

　　（2）高处作业过程中的安全措施。

　　（3）高处作业后的安全措施。

测试题 2_4

一、选择题

1. 坠落高度基准面（　　）m 以上有可能坠落的高处进行的作业，称为高处作业。
   A. 2　　　　　B. 3　　　　　C. 5　　　　　D. 10

2. 高处作业的级别分（　　）。
   A. 一级、二级、三级　　　　　B. 一级、二级、特级
   C. 一级、二级、三级、四级　　D. 一级、二级、三级、特级

3. 施工过程中，操作人员在不同的部位、不同的高度、不同的工序同时作业称为（　　）。
   A. 悬空作业　　B. 交叉作业　　C. 攀登作业　　D. 洞口作业

4. 以下不属于架子工的救命"三宝"是（　　）。
   A. 安全帽　　　B. 安全网　　　C. 安全门　　　D. 安全锁

二、填空题

1. 凡在坠落高度基准面 2m 以上（含 2m）有可能坠落的高处进行的作业，都称为_____作业。

2. 高处作业过程中发生的高处坠物、物体坠落事故比较多，为了有效避免这些危险的发生，必须正确地选择有效_____。

三、简答题

1. 简述高处作业的危险因素。
2. 防止高处作业的安全措施有哪些？

参考答案

在线测试

课题五 受限空间作业安全技术

【知识目标】
1. 认识受限空间及其特征。
2. 了解受限空间作业的潜在危险。

【能力目标】
1. 能准确辨识受限空间。
2. 能在受限空间内进行安全规范的操作。

【思政目标】
提高在受限空间作业的安全防范意识。

案例分析

2006年2月20日,黑龙江省某公司操作工检查水封罐罐内是否有漏点时,一人先进入罐内检查,因与罐相邻的氮气管道未投入保护(该厂合成氨装置已全线停车抢修,并用氮气对全系统保护,均未投入生产),导致工作人员入罐后昏迷。另两人随即下罐救人时也昏倒在罐内。经抢救无效,三人全部死亡。

一 受限空间作业

1. 受限空间

(1)受限空间的定义

受限空间是指与外界相对隔离,进出口受限,自然通风不良,只够容纳一人进入并从事非常规、非连续作业的有限空间。

有些受限空间是容易识别的,作业人员通常会做好保护工作。但有些受限空间并不明显,却同样存在着极大的危险性。

容易识别的受限空间:储槽、塔、釜、裙座、井等。

不易识别的受限空间:开口的舱室、炉子的燃烧室、管道、低洼的深坑等。

想一想

如何正确地区分受限空间呢？（图2.18）

（a）

（b）

▲图2.18 受限空间

（2）受限空间满足的条件和特征

受限空间必须同时满足3个物理条件和1个危险特征，即"受限3+1"。

① 物理条件（同时符合以下3条）。

a. 有足够的空间，让人可以进入并进行指定的工作。

b. 进入和撤离受到限制，不能自如进出。

c. 并非设计用来给人长时间在内工作的。

② 危险特征（符合任一项或以上）。

a. 存在或可能产生有毒有害气体。

b. 存在或可能产生掩埋进入者的物料。

c. 内部结构可能将进入者困在其中。

d. 存在已识别出的健康、安全风险。

可以用图2.19生动形象地对受限空间进行判断及处理。

2. 认识受限空间作业

在受限空间的作业都称为受限空间作业。

受限空间作业的环境复杂，危险有害因素多，容易发生安全事故，造成严重后果；作业人员遇险时施救难度大，盲目施救或救援方法不当，容易造成伤亡扩大。因此，必须加强受限空间作业的安全管理，保证员工安全健康和企业的生产经营正常进行。

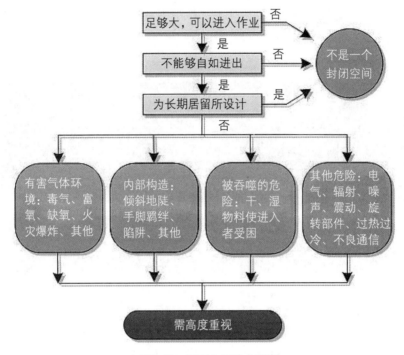

▲图2.19 受限空间作业判断

二 受限空间作业安全操作规范

1. 受限空间作业的危险特性

（1）作业环境复杂

① 受限空间狭小，通风不畅，不利于气体扩散。

② 受限空间照明、通信不畅，给正常作业和应急救援带来困难。

③ 一些受限空间周围暗流渗透或忽然涌入，建筑物坍塌，或其他流态固体的流动，作业使用的机械等，都会给受限空间作业人员带来潜在危险。

（2）危险性大，发生事故后果严重

受限空间作业存在的主要危险有缺氧窒息、中毒、火灾爆炸、掩埋、坠落、触电、交通伤害及其他危害（如机械危害、高温、辐射等）。

① 缺氧窒息。受限空间长时间不进行通风，或作业人员在进行焊接、切割等工作，或燃气泄漏、氧气被其他气体（如燃气）取代时，均可能存在窒息危险。

空气中安全氧气体积分数为 19.5%～23.5%。当空气中的氧气体积分数低于 19.5%时，人会产生危险。

人在不同氧气体积分数下的生理反应如表 2.7 所示。

表2.7 环境中含氧量与人的生理反应关系

环境中氧气的体积分数	生理反应
19.5%~23.5%	正常
15%~19%	工作能力降低,感到费力
12%~14%	呼吸急促,脉搏加快,协调能力和感知判断力降低
10%~12%	呼吸减弱,嘴唇变青
8%~10%	神志不清,昏厥,面色土灰,恶心和呕吐
6%~8%	呼吸停止,6~8min 内窒息死亡
4%~6%	40s 后昏迷、抽搐,呼吸停止,死亡

② 中毒。化工容器中可能残留某些化学品,可能会挥发或者释放出气体、烟或者蒸气,可能从相连的管道或者其他空间内传递至作业的受限空间处。

常见的气体中毒:硫化氢(H_2S)中毒、一氧化碳(CO)中毒。

硫化氢(H_2S)在不同含量时人体的症状如表2.8所示。

表2.8 硫化氢(H_2S)在不同含量时人体的症状

硫化氢浓度($\times 10^{-6}$)	最长时间	生理反应
10	8h	正常
50~100	1h	轻微的眼部和呼吸不适
200~300	1h	明显的眼部和呼吸不适
500~700	30~60min	意识丧失或心脏停跳的风险增加
>1000	几分钟	意识丧失或死亡

一氧化碳(CO)在不同含量时人体的症状如表2.9所示。

表2.9 一氧化碳(CO)在不同含量时人体的症状

一氧化碳浓度($\times 10^{-6}$)	最长时间	生理反应
50	8h	正常
200	3h	轻度头痛,不适
600	2h	混乱,恶心,头痛
600~1000	1.5h	站立不稳,蹒跚
1000~2000	30min	轻度昏迷
2000~2500	几分钟	昏迷,失去知觉

③ 火灾爆炸。存在可燃介质或者含氧量过高时,均具有发生火灾爆炸的可能性。高浓度可燃粉尘也具有发生爆炸的可能,同时对作业者自身造成严重的危害。

（3）容易盲目施救而造成伤亡扩大

据统计，受限空间作业事故中死亡人员有50%是救援人员，因施救不当而造成伤亡扩大。部分受限作业人员由于安全意识差，安全知识不足，没有严格执行受限空间作业制度，作业前未进行危害识别，缺少必要的安全设施和应急器材，作业人员和监护人员缺乏自救及互救能力，导致出现事故时不能实施科学有效的救援。

2. 危险防范的措施

（1）实行作业许可证制度

内容略。

（2）配备作业装备和防护器材（图2.20）

① 机械通风装置。

② 复合气体检测仪。

③ 防爆作业工具。

④ 个人防护装备。

▲图2.20　作业装备和防护器材

（3）对监护人和作业人员进行安全培训（图2.21）

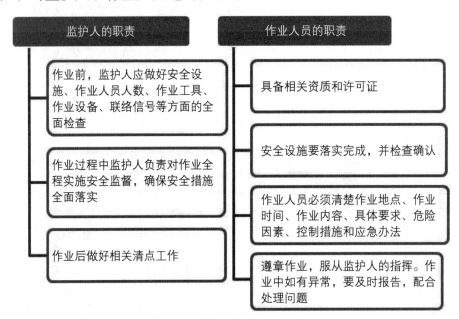

▲图2.21　监护人和作业人员的职责

（4）落实作业相关安全措施

① 设置防护围栏以及警示标志。

② 隔离、通风（通风时间不少于30min）、置换、气体检测。

③ 作业人员必须穿戴防护用具，使用防爆工具。

④ 室外应有 2 人以上监护。

（5）应急救援措施

① 作业现场配备应急救援设备。

② 监护人与作业人员保持联络。

③ 制定专项应急救援预案，每年至少进行一次应急救援演练。

⚠ 注意事项

不能盲目施救，必须在确保自身安全的前提下救援。

想一想

受限空间作业中和作业后分别有哪些安全措施（表 2.10 和表 2.11）？

表 2.10　受限空间作业中的安全措施

过程	具体措施
受限空间作业中的安全措施	• 要求作业人员严格按照规程实施方案 • 作业过程中不得随意改变个人防护用品的状态 • 作业人员发现异常状况，应及时向监护人发出联系信号，采取安全措施

表 2.11　受限空间作业后的安全措施

过程	具体措施
受限空间作业后的安全措施	• 检查人员、工具，确保不留物件在空间内部 • 对受限空间内移动的内件要正确复位 • 清理作业残留物（废渣、废液、杂物等） • 熄灭一切火种，确保现场不存在其他不安全因素 • 作业完成，交办相关事项，做好移交手续

想一想

受限空间"三不进入"指的是什么？

"三不进入"指的是：

① 没有受限空间作业许可证不进入；

② 没有监护人不进入；

③ 安全措施没落实不进入。

小结

1. 认识受限空间作业
   （1）识别受限空间。
   （2）受限空间满足的条件和特征。
   （3）受限空间作业。
2. 掌握受限空间作业安全操作规范
   （1）受限空间作业危险特性。
   （2）危险防范的措施。

测试题 2_5

一、选择题

1. 以下不属于受限空间的是（　　）。
   A. 管道　　　　　　　　　B. 垃圾站
   C. 粮筒仓　　　　　　　　D. 生活房间
2. 以下不属于有毒有害气体的是（　　）。
   A. 硫化氢　　　　　　　　B. 一氧化碳
   C. 氧气　　　　　　　　　D. 二氧化碳
3. 受限空间内氧浓度应保持在（　　）。
   A. 23%～38%　　　　　　B. 12.5%～21.5%
   C. 19.5%～23.5%　　　　D. 17%～29%
4. 不属于受限空间的是（　　）。
   A. 塔内　　　　　　　　　B. 釜内
   C. 下水道　　　　　　　　D. 楼顶
5. 受限空间作业进入（　　）人及以上的，必须制定应急救援措施。
   A. 2　　　　　　　　　　B. 3
   C. 5　　　　　　　　　　D. 10

二、填空题

1. 作业环境存在爆炸性液体、气体等介质的，应使用防爆电筒或电压≤12V的防爆安全行灯，作业人员应穿戴_____服装，使用防爆工具。

2. 进入受限空间作业人员必须佩戴好规定的_____用品，如安全帽、工作服、工作鞋、防毒面具或空气呼吸器。

三、简答题

1. 受限空间作业存在的主要危险有哪些？
2. 简述受限空间作业危险防范的措施。

参考答案

▶ 测试题2_5
参考答案 ◀

在线测试

▶ 在线题库-【试卷2_5】◀

课题六　火灾应急方法

【知识目标】
1. 了解火灾分类与火灾等级。
2. 认识火灾自动报警系统及其组成。
3. 熟悉火灾探测器的作用及分类。
4. 掌握火灾扑救的方法和逃生原则。

【能力目标】
1. 会操作常用火灾扑救设施。
2. 会火灾报警。
3. 能正确选择和规范使用灭火器。

【思政目标】
具有火灾扑救的责任担当。

案例分析

2005年8月25日上午，安顺某企业专职消防员正对员工进行消防知识教育。当时，他手执一干粉灭火器向他人做操作示范。突然灭火器发生爆炸，弹飞物直接击中该消防员下颚和鼻骨，当即造成其颈椎骨骨折。经医院抢救，不治身亡。

经调查，这起事故的主要原因是：干粉灭火器已经5年未进行换粉及检修。这充分说明了掌握火灾扑救设施使用方法的重要性。

一　火灾事故的特点

1. 火灾分类

根据可燃物的类型和燃烧特性，GB/T 4968—2008《火灾分类》规定，将火灾定义为A、B、C、D、E、F六类。分类方法及示例见表2.12。

表2.12 火灾分类

类别	可燃物类型	举例
A	固体物质	木材、煤、棉、毛、麻、纸张等
B	液体或可熔化的固体物质	汽油、煤油、柴油、原油、甲醇、乙醇、沥青、石蜡等
C	气体	天然气、煤气、甲烷、乙烷、丙烷、氢气等
D	金属	钾、钠、镁、铝镁合金等
E	带电物体	带电燃烧的物体
F	烹饪器具内的烹饪物	动植物油脂

2. 火灾的等级

根据 2007 年 6 月 26 日公安部下发的《关于调整火灾等级标准的通知》，新的火灾等级标准由原来的三个等级调整为特别重大火灾、重大火灾、较大火灾、一般火灾四个等级，见表 2.13。

表2.13 火灾等级

等级	定义特征
特别重大火灾	指造成 30 人以上死亡，或者 100 人以上重伤，或者 1 亿元以上直接财产损失的火灾
重大火灾	指造成 10 人以上 30 人以下死亡，或者 50 人以上 100 人以下重伤，或者 5000 万元以上 1 亿元以下直接财产损失的火灾
较大火灾	指造成 3 人以上 10 人以下死亡，或者 10 人以上 50 人以下重伤，或者 1000 万元以上 5000 万元以下直接财产损失的火灾
一般火灾	指造成 3 人以下死亡，或者 10 人以下重伤，或者 1000 万元以下直接财产损失的火灾

注：上述表述的"以上"包括本数，"以下"不包括本数。

二 火灾探测与报警

火灾自动报警系统由火灾探测器和火灾报警控制器组成。火灾探测器是系统的"感觉器官"，作用是监视环境中有没有火灾的发生。火灾报警控制器是系统的"心脏"，除了报警外，还可以实现与消防设施的联动。

1. 火灾探测器

（1）火灾探测器的作用

火灾探测器的作用是监视环境中是否有火灾发生。一旦有了火情，就将火灾的特征物理量，如温度、烟雾、气体和辐射光强等转换成电信号，并立即动作，向火灾报警控制器发送报警信号。

（2）火灾探测器的分类

根据火灾探测器探测火灾参数的不同，可以划分为感温、感烟、感光、气体和复合式等几大类，如图2.22所示。

▲图2.22　各类火灾探测器

① 感温火灾探测器，响应异常温度、温升速率和温差的火灾探测器，又可分为定温式和差温式。

② 感烟火灾探测器，响应燃烧或热解产生的固体或液体微粒的火灾探测器。由于它能探测物质燃烧初期所产生的气溶胶或烟雾粒子浓度，因此，有的国家称感烟火灾探测器为"早期发现"探测器。

③ 感光火灾探测器，响应火焰辐射出的红外、紫外、可见光的火灾探测器，又称火焰探测器。

④ 气体火灾探测器，响应燃烧或热解产生的气体的火灾探测器。在易燃易爆场合中主要探测气体（粉尘）的浓度，一般调整在爆炸下限浓度的 1/6～1/5 时报警。

⑤ 复合式火灾探测器，响应两种以上火灾参数的火灾探测器，主要有感温感烟火灾探测器、感光感烟火灾探测器、感光感温火灾探测器等。

2. 火灾报警控制器

火灾报警控制器具有下述功能。

① 接收火灾信号并启动火灾报警装置。该设备也可用来指示着火部位和记录有关信息。

② 通过火警发送装置启动火灾报警信号，或通过自动消防灭火控制装置启动自动灭火设备和消防联动控制设备。

③ 自动监视系统的正确运行和对特定故障给出声、光报警。

3. 火灾探测器的选择

① 对火灾初期有阴燃阶段，产生大量的烟和少量的热，很少或没有火焰辐射的场所，应选择感烟探测器。

② 对火灾发展迅速，可产生大量热、烟和火焰辐射的场所，可选择感温探测器、感烟探测器、火焰探测器或其组合。

③ 对火灾发展迅速，有强烈的火焰辐射和少量的烟、热的场所，应选择火焰探测器。

④ 对火灾形成特征不可预料的场所，可根据模拟试验的结果选择探测器。

⑤ 对使用、生产或聚集可燃气体或可燃液体蒸气的场所，应选用气体探测器。

4. 正确报火警

首先拨打报警电话"119"。接通电话后要沉着冷静，向接警中心讲清失火单位的名称、详细地址、什么东西着火、火势大小及范围、有无人员伤亡，同时把自己的电话号码和姓名告诉对方，以便联系。注意要让对方先挂电话。

三 火灾扑救的方法

火灾发生的条件是可燃物、助燃物、点火源三个条件同时存在、相互结合、相互作用。一切防火与灭火的基本原理就是防止三个条件同时存在、相互结合、相互作用。只要消除任何一个就可破坏燃烧，阻止火灾。即隔绝可燃物、隔绝氧气等助燃物、温度降到着火点以下，三个条件满足其一即可。

1. 灭火方法

① 窒息灭火法。使燃烧物质断绝氧气的助燃而熄灭。

② 冷却灭火法。使可燃烧物质的温度降低到燃点以下而终止燃烧。

③ 隔离灭火法。将燃烧物体附近的可燃烧物质隔离或疏散开，使燃烧停止。

④ 抑制灭火法。使灭火剂参与到燃烧反应过程中去，使燃烧中产生的游离基消失而使燃烧反应停止。

2. 常用灭火剂及其选择

（1）水

水是应用最广泛的天然灭火剂，灭火作用见表 2.14。

表2.14 水的灭火作用

作用	具体
冷却作用	水的热容很大,当水与炽热的燃烧物接触时,会大量吸收燃烧物的热量,使其冷却
窒息作用	水遇到炽热燃烧物而汽化产生大量水蒸气,显著降低燃烧区的含氧量
乳化作用	喷雾水扑救非水溶性可燃液体火灾时,可在表面形成一层由水和非水溶性液体组成的乳状物,从而减少可燃液体的蒸发量,阻止继续燃烧
水力冲击作用	水在机械作用下,高压的密集水流强烈冲击燃烧物和火焰,冲散并减弱燃烧强度而达到灭火目的

水能扑救大部分固体火灾,但不能用于以下物质的扑救:密度小于水和不溶于水的易燃液体(如苯类、汽油等);遇水燃烧物(如活泼金属钾、钙、钠等);强酸性物质(如硫酸、硝酸、盐酸等);未切断电源的电气设备;高温状态下的化工设备;熔化的铁水、钢水。

(2)泡沫灭火剂

泡沫灭火剂可分为化学泡沫灭火剂和空气泡沫灭火剂。

空气泡沫是通过搅拌而生成的,泡沫中的气体为空气,灭火作用见图2.23。

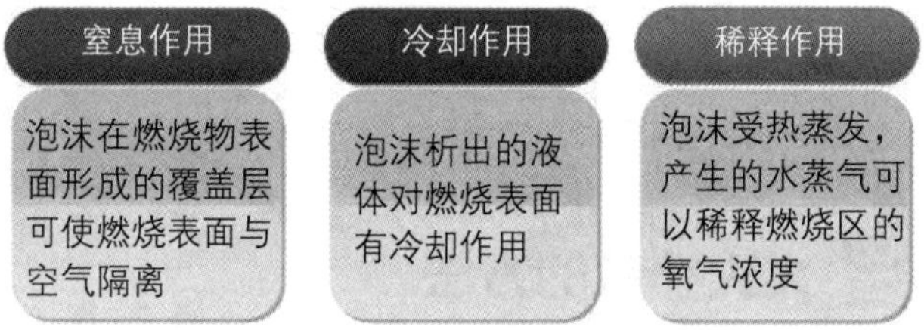

窒息作用	冷却作用	稀释作用
泡沫在燃烧物表面形成的覆盖层可使燃烧表面与空气隔离	泡沫析出的液体对燃烧表面有冷却作用	泡沫受热蒸发,产生的水蒸气可以稀释燃烧区的氧气浓度

▲图2.23 空气泡沫的灭火作用

化学泡沫是指由两种药剂的水溶液通过化学反应产生的灭火泡沫。作为内药剂的酸性粉有硫酸铝等。作为外药剂的碱性粉有碳酸氢钠等。使用时,通常倒置灭火器,使内药与外药混合发生反应,产生二氧化碳,通过冷却、抑制燃烧蒸发和隔离氧气的作用灭火。

除了以上两种外,还有蛋白泡沫、氟蛋白泡沫、水成膜泡沫、抗溶性泡沫和合成泡沫灭火剂等。

化学泡沫灭火剂主要用于扑救油类等非水溶性可燃、易燃液体的火灾,但不能用来扑救忌水、忌酸的化学物质和电气设备的火灾。空气泡沫灭火剂主要用于扑救各类不溶于水的可燃、易燃液体和一般可燃固体的火灾。抗溶性泡沫灭火剂,主要用于扑救甲醇、乙醇、丙酮等水溶性可燃液体的火灾。

(3)干粉灭火剂

干粉灭火剂是一种干燥的、易于流动的固体粉末,一般借助于灭火器或灭火设备中的气体压力,将干粉从容器喷出,以粉雾形态扑灭火灾。干粉灭火剂可分为普通干粉和多用干粉两大类。普通干粉是以碳酸氢钠为基料,多用干粉主要是以磷酸铵盐为基料。干粉灭火剂的灭火机理包括抑制作用和窒息作用，如图2.24所示。

抑制作用	窒息作用
燃烧反应是一种连锁反应，当大量干粉以雾状形式喷向火焰时，可以大大吸收火焰中的活性基团，使其数量急剧减少，中断燃烧的连锁反应，从而使火焰熄灭	当干粉喷射到灼热的燃烧物表面时，产生一系列化学反应，在燃烧物表面生成一玻璃状覆盖层，使燃烧物表面与空气中的氧隔开，从而使燃烧窒息

▲图2.24　干粉灭火剂的灭火作用

干粉灭火剂一般用于扑救可燃固体、液体、气体及带电设备、轻金属（如钠、钾等）的火灾，但对于一些扩散性很强的易燃气体（如乙炔、氢气等）灭火效果不佳。由于灭火后留有残渣，也不宜用于精密机械、仪器的灭火。

（4）二氧化碳灭火剂

二氧化碳是一种不燃烧、不助燃的惰性气体，而且价格低廉，易于液化，便于灌装和储存，是一种常用的灭火剂。

二氧化碳灭火剂主要的灭火作用是窒息作用。此外，二氧化碳灭火剂平时以液态的形式储存在灭火器或压力容器中，当二氧化碳喷出时，汽化吸收本身热量，使部分二氧化碳变为固态的干冰，干冰汽化时要吸收燃烧物的热量，对燃烧物有一定的冷却作用。

二氧化碳灭火剂适用于扑灭精密仪器和一般电气火灾，以及一些不能用水扑救的火灾。

⚠ **注意事项**

　　使用二氧化碳灭火器时应防止冻伤，灭火后人员应迅速离开，室内灭火后要打开门窗，以防窒息。

3. 消防设施

化工生产装置区配备的灭火设施一般包括消防供水竖管、冷却喷淋设备、消防水幕等灭火设施，此外，常见的消防设施还有消火栓、高压水枪（炮）、消防车、消防水管网、消防站等，如图2.25所示。

大中型化工厂及石油化工联合企业均应设置消防站。消防站是专

▲图2.25　化工装置常用灭火设施

门用于消除火灾的专业性机构，拥有相当数量的灭火设备和经过严格训练的消防队员。

消防给水管道和消防栓是专门为消防灭火而设置的给水设施，消防给水管道又有高压和低压两种。

4. 石油化工火灾扑救基本原则和方法

扑救石油化工火灾一般按堵截冷却、灭火和防止复燃三个阶段展开。

（1）堵截冷却

① 关阀断料。这是控制火势发展最基本的措施。在实施关阀断料时，要选择离燃烧点最近的阀门予以关闭。

② 设备冷却。不同状态下的设备可采取不同的处理方法。对着火的高压设备，在冷却的同时要采取工艺措施，降低其内部压力。对着火的负压设备，在积极冷却的同时，应关闭进、出料阀，防止回火爆炸。

③ 堵截蔓延。这是控制火灾扩大的前提。对外泄可燃气体的高压反应釜等设备火灾，应在关闭进料阀、切断气体来源的同时，迅速用喷雾水或蒸汽在下风方向稀释外泄气体，防止与空气混合形成爆炸性混合物。对地面液体流淌火，应筑堤围堵，把燃烧液体控制在一定范围内。

（2）灭火

石油化工企业设置的固定灭火设施是用于控制和扑救初期火灾的有效手段，只要这些设施在火灾或爆炸发生后未遭到损坏，就应充分地加以利用，这往往是及时控制火势，防止再次发生爆炸的关键。

固定灭火设施主要有装置区之间的消防幕、装置附近设置的消防炮、油罐内的固定泡沫灭火系统、储罐顶部喷淋设施、装置平台及油泵房的蒸汽灭火设施等。

（3）防止复燃

在火势熄灭后，由于温度仍然很高，可燃物的热分解析出可燃气体，逐渐积累，一旦通风条件改善，这些混合气体会被灰烬点燃。复燃具有隐蔽性和突发性，对生命安全财产具有较大的危害。因此，即使火焰被扑灭后，也必须对着火设备继续维持冷却和泡沫覆盖，以免逸出过多的油气发生复燃。

⚠ 注意事项

　　加强安全防护，避免人身伤亡！

保证安全，才能有效地消灭火灾，这是灭火战斗实践证明的一条必须遵守的灭火行动准则。

四 火灾现场的逃生原则及技巧

1. 一般火灾现场自救逃生原则

（1）熟悉环境，临危不乱

每个人应熟悉生活、工作的建筑结构及逃生出口，平时应做到了然于胸。而身处陌生环境时，也应当养成留意通道及出口方位等习惯，便于关键时刻逃离现场。

（2）保持镇定，明辨方向

突遇火灾时应保持镇定，不要盲目地跟从人流和相互拥挤，尽量往空旷或明亮的地方和楼层下方跑。若通道被阻，则应背向烟火方向，通过阳台、气窗等往室外逃生。

（3）不入险地，不贪财物

不要因为害怕或顾及贵重物品，浪费宝贵时间，谨记生命最重要。

（4）简易防护，掩鼻匍匐

经过有烟雾的路线，可采用湿毛巾或湿毯子掩鼻匍匐撤离。

（5）善用通道，莫入电梯

发生火情，尽量使用楼梯，或利用阳台、窗台、屋顶等攀到安全地点，或利用下水管道滑下楼脱险。不可进入电梯逃生。

（6）避难场所，固守待援

如在房内侧手摸房门，感到烫手，千万不能开门，应关紧迎火的门窗，打开背火的门窗，用湿毛巾塞住门缝，不停用水淋湿，防止烟火渗入，固守房间，等待救援。

（7）传递信号，寻求援助

被烟火围困时尽量在阳台、窗口（白天可用鲜艳的衣物在窗口晃动，晚上可用手电等物闪动或敲击物品发出声音求救）传递信号求救。

（8）火已近身，切勿惊跑

如果身上着火，切勿惊跑和用手拍打，惊跑和拍打只会形成风势，加速氧气补充，促旺火势。正确的做法是，立即脱掉衣服或就地打滚，压住火苗。能及时跳入水中或让人向身上浇水更有效。

（9）缓降逃生，滑绳自救

高层楼层起火后迅速利用身边的绳索、床单、窗帘等制成简易绳索并用水打湿后，从窗户或阳台沿绳滑至下面楼层逃生。即使跳楼，也应在消防员准备好逃生气垫，并且要求楼层在四层以下才考虑这一方式。还可选择水池、软雨篷、草地等。如有可能，应先丢下大量棉被、沙发垫或打开大伞跳下。

2. 化工厂火灾现场自救逃生原则

一般化工厂内有许多有危害性的化工品，因此，当发生火灾时也比普通工厂火灾更为危险。化工厂发生火灾时的逃生方法如下。

① 撤离时，可用湿毛巾、湿口罩等捂住口鼻，保护呼吸道。

② 发生泄漏，现场作业人员应立即停止操作，迅速撤离泄漏污染区。泄漏物若是易燃易爆的，撤离时应在有可能的情况下，及时移走事故区爆炸物品，熄灭火种，切断电源。人员来不及撤离，发生爆炸时，应就地卧倒。

③ 撤离时要弄清楚毒气的流向，往上风侧撤离，不可顺着毒气流动的方向走。

④ 患者被救出毒物现场后，如心跳、呼吸停止，应立即施行心肺复苏术。对中毒者进行人工呼吸时，救护者应做好防范措施。如对硫化氢中毒者进行口对口人工呼吸之前，要用浸透食盐溶液的棉花或手帕盖住中毒者的口鼻。

⑤ 发生大量泄漏时，不要慌乱，不要拥挤，要听从指挥。特别是人员较多时，更不能慌乱，也不要大喊大叫，要镇静、沉着，有秩序地撤离。

⑥ 当发生毒气泄漏时，受到危险化学品伤害的，应根据毒物侵入途径的不同，及时采取最佳的处理措施。当有毒化工品通过呼吸系统侵入时，应立即送到空气新鲜处，安静休息，保持呼吸道通畅。当有毒化工品通过皮肤侵入时，立即脱去受到污染的衣物，用大量流动的清水冲洗，同时要注意清洗污染的毛发。化学物溅入眼中，要及时充分冲洗，时间不少于 10min，忌用热水冲洗。当有毒化工品通过消化系统侵入时，应尽早进行催吐。若误服腐蚀性毒物，可口服牛奶、蛋清、植物油等，对消化道进行保护。

小结

1. 火灾的分类与等级按国家标准，火灾定义为 A、B、C、D、E、F 六类，划分为特别重大火灾、重大火灾、较大火灾、一般火灾四个等级。

2. 火灾探测与报警。

（1）火灾探测器的作用、分类和选用。

（2）火灾报警控制器的功能。

（3）正确拨打报警电话。

3. 火灾扑救方法。

（1）灭火方法及常用灭火剂的选择。

（2）石油化工火灾扑救三阶段。

4. 火灾现场的逃生原则。

测试题 2_6

一、选择题

1. 燃烧是一种（　　）过程。

   A. 物理　　　　B. 化学　　　　C. 生物

2. 燃烧的三要素是（　　）。

   A. 可燃物、助燃物、燃点　　　　B. 可燃物、空气、点火源

   C. 可燃物、助燃物、闪点　　　　D. 可燃物、助燃物、点火源

3. 当遇到火灾时，要迅速向（　　）逃生。

   A. 与着火相反的方向　　　　B. 人员多的方向

   C. 安全出口的方向　　　　D. 与着火相同的方向

4. 扑救灭火最有利的阶段是（　　）。

   A. 火灾初起阶段　　　　B. 火灾发展阶段

   C. 火灾猛烈燃烧阶段　　　　D. 火灾爆炸阶段

5. 使用灭火器时要对准火焰的（　　）。

   A. 上部　　　　B. 中部　　　　C. 根部　　　　D. 轮流

6. 精密仪器火灾一般用（　　）灭火剂来扑救。

   A. 水　　　　B. 二氧化碳　　　　C. 泡沫　　　　D. 干粉

7. 使可燃烧物质的温度降低到燃点以下而终止燃烧的方法是（　　）。

   A. 冷却法　　　　B. 隔绝法　　　　C. 窒息法　　　　D. 抑制法

8. 化工生产中常用的惰性气体有（　　）。

   A. 二氧化氮　　　　B. 二氧化碳　　　　C. 一氧化碳　　　　D. 烟道气

二、填空题

1. 请判断下列物品储存或生产过程的火灾危险性类别。

   乙醇_____　氢气_____　过氧化钾_____　石棉_____

   金属钠_____　黄磷_____　煤油_____　氢氧化钠_____

2. 轴承应及时_____，保持良好的_____，并经常清除附着的可燃污垢。

三、简答题

1. 简述石油化工火灾扑救的一般方法。
2. 哪些场合下的火灾不能用水进行灭火呢？

参考答案

▶ 测试题2_6 参考答案 ◀

在线测试

▶ 在线题库-【试卷2_6】◀

实训二
灭火器的选择与使用

实训介绍

某大学化学系实验楼一实验室，因为某同学上午在实验室做化学实验，中午出去吃饭未关闭电源，实验精密仪器持续运转，致使电线短路引发火灾。实验室内热感与烟感报警器报警，请利用所学知识完成初期火灾的扑救。

实训内容

活动1：火灾的分类及等级

写出下列类型的可燃物所属的类别。

常见火灾	类别
带电电器火灾	
金属火灾	
气体火灾	
液体（可熔化固体）火灾	
固体火灾	
厨房用品火灾	

根据伤亡人数和财产损失，判断下列几种情况的火灾等级。

火灾情况	火灾等级
死亡人数≥30人，或重伤人数≥100人，或财产损失≥1亿元	
死亡人数10~30人，或重伤人数50~100人，或财产损失5000万~1亿元	
死亡人数3~10人，或重伤人数10~50人，或财产损失1000万~5000万元	
死亡人数≤3人，或重伤人数≤10人，或财产损失≤1000万元	

活动2：危险因素分析

根据本实训的情境，写出实验室初期火灾的危险因素，提出防护措施，完成下表。

序号	危险因素	危害后果	防护措施
1			
2			
3			
4			
5			
6			

活动 3：灭火器的选择及使用

【1】根据任务情境，为了快速地扑灭实验室初期火灾，请选择正确的灭火器，并按照正确的步骤进行扑救。

你所选择的灭火器是（　　　）。

A. 干粉灭火器　　　　　　　　B. 泡沫灭火器

C. 二氧化碳灭火器　　　　　　D. 水型灭火器

写出灭火器的使用步骤：

1. _____
2. _____
3. _____
4. _____

【2】实际操作：使用灭火器灭火，并进行操作评价。

任务		灭火器的选择与使用		考核时间/min				10
评价要素	配分	等级	评分细则	评定等级				得分
				A 50	B 40	C 30	D 20	E 0
1 拔掉安全栓，将筒体颠倒过来	50	A	操作动作熟练					
		B	能流利完成动作					
		C	能完成动作					
		D	有一处操作不对					
		E	有两处及以上操作不对					

续表

任务		灭火器的选择与使用			考核时间/min					10
评价要素		配分	等级	评分细则	评定等级					得分
					A 50	B 40	C 30	D 20	E 0	
2	规定时间内容，规范操作，灭火效果良好	50	A	使用规范，快速灭火						
			B	使用规范，能够灭火						
			C	使用不规范，能够灭火						
			D	使用规范，未能灭火						
			E	使用不规范，未能灭火						
合计配分		100	合计得分							

参考答案

▶实训二 参考答案◀

课题七　现场急救技术

【知识目标】
1. 了解现场急救的重要性。
2. 了解现场急救的主要方法。
3. 掌握心肺复苏急救的操作步骤。

【能力目标】
1. 能简单止血包扎。
2. 能进行心肺复苏操作。

【思政目标】
1. 具有现场急救的责任担当。
2. 具有现场急救成功的坚定信心。

案例分析

汉孝公路距孝感收费站约1500m左右处因车祸致一人受伤，救护人员赶到现场检查后发现，受伤者神志清楚，呼吸、脉搏尚正常，口咽部未见明显异物及出血，仅稍有点心慌，左上肢疼痛难忍，其左小臂可见外伤出血，左下肢小腿前面见创面约8cm，可见渗血，疼痛明显。受伤者病情复杂，其左上肢小臂、左下肢小腿不能排除骨折。

救护人员对伤者病情进行分析后，迅速对其左小臂伤口进行急救止血。对受伤者左下肢小腿创面进行包扎处理，以保护伤口，减少污染，帮助止血，减轻疼痛。同时将受伤者左上肢、左下肢进行简单的固定，迅速地送往医院治疗，有效地避免了伤员残废的可能。

由此可见，根据事故现场情况，采取恰当的急救措施对伤员进行救助，能有效避免由于拖延治疗而带来的严重后果。

一 现场急救

1. 现场急救的定义

现场急救是指在灾害发生之后，伤病员由受伤地点转往医院进行系统治疗之前这一时间段内所有的医学急救行为。

2. 现场急救的重要性

根据事故现场情况，采取恰当的急救措施对伤员进行救助，轻者能减轻伤病员的痛苦，减少并发症和后遗症发生的可能，重者甚至能在短短几秒之内挽救一个人的生命。因此，正确掌握现场急救技术非常重要。

二 现场急救的基本步骤

1. 迅速判断事故现场的基本情况

在日常生活或工作中，人们时有发生急性疾病或受到意外伤害的可能。比如，外伤大出血、骨折、心脏骤停等，抢救不及时可导致病情加重甚至死亡。急救不仅仅是专业急救医务人员的责任，自救互救的重要价值不可忽视。掌握急救知识和技术，在自救互救中，人人都有被救的机会，人人都有救人的义务。

在意外伤害、突发事件的现场，面对危重病人，作为"第一目击者"，首先要评估现场情况，通过实地感受、眼睛观察、耳朵听声、鼻子闻味来对异常情况做出初步的快速判断。

（1）现场巡视

① 注意现场是否对救护者或病人造成伤害。

② 引起伤害的原因、受伤人数、是否仍有生命危险。

③ 现场可利用的人力和物力资源及需要何种支援，采取的救护行动等。

④ 必须在数秒内完成。

（2）判断病情

现场巡视后，针对复杂现场，需首先处理威胁生命的情况。检查病人的意识、气道、呼吸、循环体征、瞳孔反应等。发现异常，须立即救护并及时拨打"120"急救电话或尽快护送到附近的急救医疗部门。

2. 呼救

① 向附近人群高声呼救。

② 拨打"120"急救电话。

> ⚠ 注意事项
>
> 不要先放下话筒，要等救援医疗服务系统调度人员先挂断电话。急救部门根据呼救电话的内容，应迅速派出急救力量，及时赶到现场。

3. 排除事故现场潜在危险，帮助受困人员脱离险境

内容略。

4. 伤情检查

要有整体观，切勿被局部伤口迷惑。首先要查出危及生命和可能致残的危重伤员。

① 生命体征。判断意识，判断脉搏，判断呼吸。

② 出血情况。伤口大量出血是伤情加重或致死的重要原因，现场应尽快发现大出血的部位。若伤员有面色苍白、脉搏快而弱、四肢冰凉等大失血的征象，却没有明显的伤口，应警惕为内出血。

③ 有无骨折。

④ 皮肤及软组织损伤。皮肤表面出现淤血、血肿等。

三 常见的现场急救技术

通气、止血、包扎、固定、搬运是急救的五项基本技术。实施现场救护时，要沉着、迅速地开展急救工作。

现场急救的原则是：先救命后治疗，先重后轻，先急后缓，先近后远；先止血后包扎，先固定后搬运。

1. 心肺复苏

（1）心肺复苏基本概念

心肺复苏英文简写 CPR（Cardio-Pulmonary Resuscitation），是针对呼吸、心跳停止的急症危重病人所采取的抢救关键措施，即胸外按压形成暂时的人工循环并恢复自主搏动，采用人工呼吸代替自主呼吸，快速电除颤转复心室颤动，以及尽早使用血管活性药物来重新恢复自主循环的急救技术。

抢救"黄金4分钟"

据统计，心脏猝死病人70%死于院外，40%死于发病后15min。心脏猝死大多是一时性严重心律失常，并非病变已发展到了致命的程度，只要抢救及时、正

确、有效，多数病人可以救活。大量实践表明，心脏骤停 4min 内进行心肺复苏，有 50%的人能被救活；10min 以上进行心肺复苏，几乎无存活可能。所以有"黄金 4min"的说法。

（2）心肺复苏操作流程

严重创伤、溺水窒息、电击、中毒、手术麻醉意外等，都可能导致心脏呼吸骤停。一旦心脏呼吸骤停，应立即实施心肺复苏术（CPR），其操作步骤如图 2.26 所示。2020 版建议非专业施救者尽早启动 CPR，建议非专业人员对可能的心脏骤停患者实施 CPR，因为如果患者未处于心脏骤停状态，这样做对患者造成伤害的风险也较低。

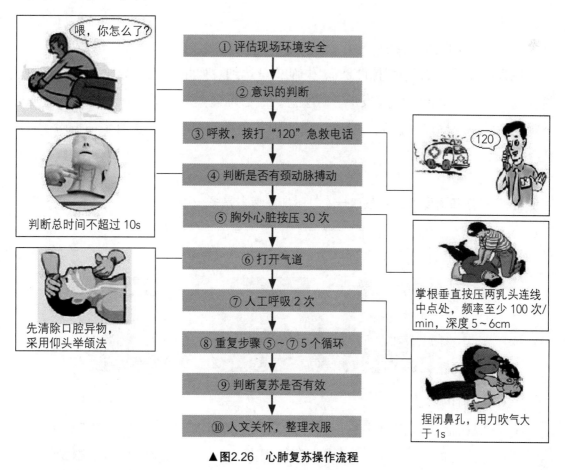

▲图2.26 心肺复苏操作流程

① 发现有人突然倒地而意识丧失，要先确保周围环境安全，并及时拨打120。接下来判断患者意识是否丧失，触摸喉结旁 2cm 左右的颈动脉看是否搏动，同时看胸廓有无起伏。当确认患者意识丧失、自主呼吸消失、颈动脉无搏动，就可以开始实施心肺复苏术了。

② 将患者置于硬质地面，患者头颈、躯干、下肢在一条线上，双手掌叠放

（上面的手四指内扣于下面的手，下面的手四指向上翘起），按压于两乳头连线中点，频率为 100～120 次/min，按压深度 5～6cm。一般做 30 个胸外按压，进行两次人工呼吸。

③ 做人工呼吸之前需清除被救者口鼻异物，有假牙要摘除。然后检查颈部有无损伤，如无损伤，采用仰头举颌法（一手掌根部下压额部，另一手食、中指抬起颏部，使耳垂与地面垂直）。捏住被救者鼻子，施救者深吸一口气，吹向被救者，重复操作一次。

④ 30 个胸外按压和 2 个人工呼吸为一个周期，如果患者意识还未恢复，可再次进行，直到患者意识恢复，呼吸恢复，颈动脉搏动出现。此为心肺复苏抢救成功。

2. 止血

（1）出血的临床表现

成人的血液约占其体重的 8%。失血总量达到总血量的 20% 以上时，就会出现脸色苍白、冷汗淋漓、手脚发凉、呼吸急促、心慌气短等症状。脉搏快而细，血压下降，继而出现出血性休克。当出血量达到总血量的 40% 时，就有生命危险了。

想一想　你知道通常无偿献血一次性献血量最多是多少吗？

（2）出血的种类（图 2.27）

▲图 2.27　出血的种类

（3）止血的方法

① 一般止血法。创口小的出血，局部用生理盐水冲洗，周围用 75% 的乙醇涂擦消毒。涂擦时，先从近伤口内处向外周擦，然后盖上无菌纱布，用绷带包紧即可。如头皮或毛发部位出血，需剃去毛发再清洗，消毒后包扎。

② 加压包扎止血法。用消毒纱布或干净的毛巾、布块垫盖住伤口，再用绷带、三角巾或折成的条状布带紧紧包扎，其松紧度以达到止血目的为宜（图 2.28）。此法多用于静脉出血和毛细血管出血及上下肢、肘、膝等部位的小动脉出血，但有骨折或可疑骨折或关节脱位时，不宜使用。

③ 指压止血法。指压止血法是一种简单有效的临时性止血方法。它是根据动脉的走向，在出血伤口的近心端，用指压住动脉处，达到临时止血的目的（图 2.29）。指压止血法适用于头部、颈部、四肢的动脉出血。

④ 填塞止血法。先用镊子夹住无菌纱布塞入伤口内，如一块纱布止不住出血，可再加纱布，最后用绷带或三角巾绕颈部至对侧臂根部包扎固定（图 2.30）。此法适用于颈部和臂部较大而深的伤口。

⑤ 止血带止血法。止血带止血法是快速有效的止血方法，但它只适用于不能用加压止血的四肢大动脉出血。方法分为橡皮止血带止血法和布条止血带止血法（图 2.31）。布条止血带止血法是用三角巾、布带、毛巾、衣袖等平整地缠绕在加有布垫的肢体上，拉紧或用"木棒、筷子、笔杆"等拧紧固定。

▲图2.28　加压包扎止血法

▲图2.29　指压止血法的止血点

⚠ 注意事项

- 止血带应扎在伤口近心端，尽量靠近伤口；
- 捆绑压力要适当；
- 使用止血带的部位应该有衬垫；
- 止血带的结应打在身体外侧；
- 使用止血带者应有明显标记；
- 写明上止血带的时间；
- 每 45min 要放松 1 次，放松时间为 2~3min。

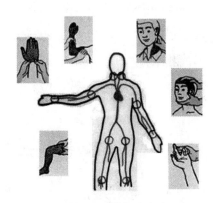

▲图2.30　填塞止血法

▲图2.31　止血带止血法

为避免放松止血带时大量出血，放松期间可改用指压法临时止血。

对内出血或可疑内出血的伤员，应让伤员绝对安静不动，垫高下肢。有条件的可先输液，应迅速将伤员送到距离最近的医院进行救治。

3. 包扎

（1）包扎的目的和注意事项

包扎的目的在于保护伤口，减少感染，固定敷料夹板，夹托受伤的肢体，减轻伤员痛苦，防止刺伤血管、神经等严重并发症。加压包扎还有压迫止血的作用。包扎要求动作轻快、准、牢。包扎前要弄清包扎的目的，以便选择适当的包扎方法，并先对伤口做初步的处理。包扎的松紧要适度，过紧影响血液循环，过松会移动脱落。包扎材料打结或其他方法固定的位置，要避开伤口和坐卧受压的位置。骨折部位的包扎应露出伤肢末端，以便观察肢体血液循环的情况。

（2）包扎的材料

① 三角巾：大小可视实际包扎需要而定。

② 绷带：我国标准绷带长 6m，宽度分 3、4、5、6、8、10（cm）6 种规格。

现场救护没有上述常规包扎材料时，可用身边的衣服、手绢、毛巾等材料进行包扎。

（3）包扎的方法

不同的部位有不同的包扎方法（图 2.32），如头部帽式包扎法、头耳部风帽式包扎法、三角巾眼部包扎法、三角巾胸部包扎法、三角巾下腹部包扎法、燕尾巾肩部包扎法、三角巾手足部包扎法、三角巾臀部包扎法、绷带手腕胸腹部环形包扎法、绷带四肢螺旋包扎法、绷带螺旋反折包扎法等。

绷带环形包扎法

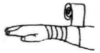
绷带螺旋包扎法

绷带螺旋反折包扎法

绷带"8"字包扎法

三角巾头部包扎法

三角巾眼部包扎法

三角巾胸部包扎法

▲图2.32　不同的包扎方法

4. 骨折固定

出现外伤后尽可能少搬动病人。疑脊椎骨折，必须用木板床水平搬动，绝对禁忌头、躯体、脚不平移动。患者骨折端早期应妥善地简单固定。一般用木板、木棍、树枝、扁担等，所选用材料要长于骨折处上下关节，做超关节固定。固定的松紧要合适。固定时可紧贴皮肤垫上棉花、毛巾等松软物，外以固定材料固定，以细布条捆扎。经上述急救后即送医院进行伤口处理。骨折固定方法见图2.33。

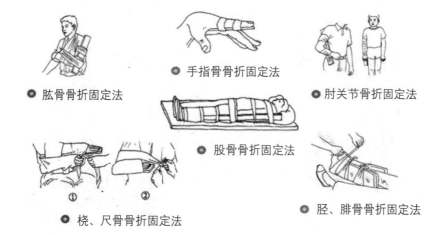

▲图2.33　骨折固定方法

5. 搬运

搬运方法见图2.34，搬运转送病人时，正确体位由不同病情而定：对急症病人，应该以平卧为好，使其全身舒展，上下肢放直，根据不同的病情，做一些适当的调整；高血压、脑出血病人，头部可适当垫高，减少头部的血流；昏迷者，可将其头部偏向一侧，以便呕吐物或痰液污物顺着流出来，不致吸入；对外伤出血处于休克状态的病人，可将其头部适当放低些；至于心脏病患者，出现心力衰竭、呼吸困难者，可采取坐位，使呼吸更通畅。

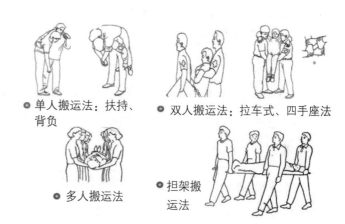

▲图2.34　搬运方法

小结

1. 现场急救主要步骤。

（1）迅速判断事故现场的基本情况。

（2）呼救。

（3）排除事故现场潜在危险，帮助受困人员脱离险境。

（4）伤情检查。

2. 常见的现场急救技术：心肺复苏；止血；包扎；骨折固定；搬运。

测试题 2_7

一、选择题

1. 抢救伤员时，应（　　）。
   A. 先救命，后治伤　　　　　　B. 先治伤，后救命
   C. 先帮轻伤员　　　　　　　　D. 后救重伤

2. 成人心肺复苏时打开气道的最常用方式为（　　）。
   A. 仰头举颌法　　　　　　　　B. 双手推举下颌法
   C. 托颌法　　　　　　　　　　D. 环状软骨压迫法

3. 抢救失血伤员时，应先进行（　　）。
   A. 观察　　　　B. 包扎　　　　C. 止血　　　　D. 询问

4. 抢救脊柱骨折的伤员时，应（　　）。
   A. 采取保暖措施　　　　　　　B. 用软板担架运送
   C. 用三角巾固定　　　　　　　D. 扶持伤者移动

5. 搬运昏迷或有窒息危险的伤员时，应采用（　　）的方式。
   A. 俯卧　　　　B. 仰卧　　　　C. 侧卧　　　　D. 侧俯卧

二、填空题

1. 指压止血法适用于头部、颈部、四肢的_____出血。
2. 包扎的松紧要_____，过紧影响血液循环，过松会移动脱落，包扎材料打结或其他方法固定的位置要避开伤口和坐卧受压的位置。

三、简答题

1. 请描述心肺复苏的操作步骤及注意事项。
2. 止血的方法有哪些？

参考答案

在线测试

实训三

心肺复苏

> **实训介绍**

因突发重症哮喘、心跳停止、呼吸衰竭，一位女性乘客在地铁站突然倒地。刚好两名护士经过，随即上前对女子进行急救。一组心肺复苏做完以后，女子渐渐有了意识，这时当地的急救人员也赶到了现场。两名护士是怎么做的？

> **实训内容**

活动1：患者的意识判断和现场处置

小组活动：其中委派一人表演突然倒地而意识丧失，其他人要先确定周围环境是否安全，及时呼救周围人帮助并演示拨打救护电话。接下来判断患者意识是否丧失，触摸喉结旁2cm左右的颈动脉，看是否搏动，同时看胸廓有无起伏。

知识点：

（1）意识判断：当发现有患者倒下，首先必须判断其是否失去知觉，您使用的方法是：_____。通过看（胸廓有无起伏）、听（有无气流呼出的声音）、感觉（面部感觉有无气流呼出）三种方法检查出患者是否有自主呼吸。

（2）救护电话：拨打的救护电话是_____。

活动2：心肺复苏

小组活动：当确认患者意识丧失、自主呼吸消失、颈动脉无搏动，就可以开始进行心肺复苏术了。心肺复苏在假人实训仪器上进行。在操作时，将患者置于硬质地面，患者头颈、躯干、下肢在一条线上，双手掌叠放（上面的手四指内扣于下面的手，下面的手四指向上翘起），按压于两乳头连线中点，频率合适，按压深度5~6cm。一般做30个胸外按压，进行两次人工呼吸。

知识点：

（1）在打开气道时，您使用的方法是：_____。操作者站或跪在患者一侧，一手置患者前额上稍用力后压，另一手用食指置于患者下颌下沿处，将颌部向上向前抬起，使患者的口腔、咽喉轴呈直线。

（2）按压于两乳头连线中点，频率为_____次/min，按压深度5~6cm。

一般做30个胸外按压，进行两次人工呼吸。

（3）向患者提供空气的有效方法是_____。操作者置于患者前额的手在不移动的情况下，用拇指和食指捏紧患者的鼻孔，以免吹入的气体外溢，深吸一口气，尽力张嘴并紧贴患者的嘴，形成不透气的密封状态，以中等力量，1~1.5s的速度向患者口中吹入约为800mL的空气，吹至患者胸廓上升。

（4）吹气后，操作者即抬头侧离一边，捏鼻的手同时松开，以利于_____。

活动3：考核评价

任务			心肺复苏			考核时间/min			10
评价要素	配分	等级	评分细则	A	B	评定等级 C	D	E	得分
1 检查确认	30	A	判断意识同时扫视患者胸部有无可见的呼吸运动；呼救；摆正体位；解开衣领、腰带						
		B	错误1次						
		C	错误2次						
		D	错误3次						
		E	错误4次以上或未完成						
2 胸外按压	35	A	判断颈动脉；在两乳头连线中点按压30下；双手掌根重叠，手指不触及胸，手臂与胸骨垂直；按压深度≥5cm；按压频率≥100次/min；错误0~2次						
		B	错误3~4次						
		C	错误5~6次						
		D	错误7~8次以上						
		E	错误9次以上或未完成						
3 口对口人工呼吸	35	A	一手压前额，另一手抬下颌开放气道；捏闭病人鼻孔；吹气2次，每次吹气1s；错误2次						
		B	错误3~4次						
		C	错误5~6次						
		D	错误7~8次						
		E	错误9次以上或未完成						
合计配分	100		合计得分						

续表

等级	A（优）	B（良）	C（及格）	D（差）	E（未答题）
比值	1.0	0.8	0.6	0.2	0

参考答案

▶实训三 参考答案◀

实训四
止血与包扎

实训介绍

某工厂张某,在操作 6 号冲床时,发现冲模上有金属脏物,在未关断冲床电源的情况下,左手拿抹布至保护罩内危险区擦拭,致使左手无名指 2 节与小指 1 节被 6 号冲床冲断,大量的鲜血快速持续喷出。请针对此案例进行现场外伤急救操作。

实训内容

活动 1:知识铺垫

补全下面止血与包扎相关知识。

出血情况分类表

出血情况描述	判断出血种类
伤口呈喷射状搏动性向外涌出鲜红色血液	
	静脉出血
伤口向外渗出鲜红色血液	

止血的方法有_____、_____、_____、_____、_____五种。不同的部位有不同的包扎方法,如_____、_____、_____、_____、_____等。

活动 2:伤情的判断

根据情境分析伤情,确定止血包扎方法,完成下表。

出血情况描述	判断出血种类	确定止血方法

活动 3:止血包扎用具的选择与使用

【1】根据止血方法,选择外伤处理所需要的工具。在需要的用品上打钩。

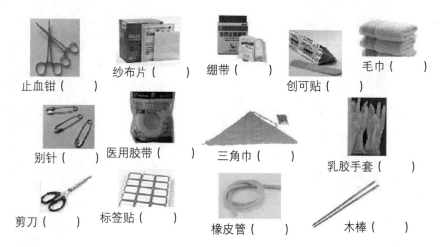

止血钳（　　）　纱布片（　　）　绷带（　　）　创可贴（　　）　毛巾（　　）
别针（　　）　医用胶带（　　）　三角巾（　　）　乳胶手套（　　）
剪刀（　　）　标签贴（　　）　橡皮管（　　）　木棒（　　）

【2】操作演练：2 人一组，先准备好外伤处理所需要的用具，一人扮演伤员，另一人进行止血包扎操作，然后两人角色交换，完成任务。

【3】操作评价。

任务			止血与包扎						考核时间/min	10
评价要素	配分	等级	评分细则	评定等级					得分	
				A 50	B 40	C 30	D 20	E 0		
1	止血包扎用具的选择	50	A	选对五个以上						
			B	选对三个						
			C	选对两个						
			D	选对一个						
			E	未答题						
2	止血包扎用具的正确使用	50	A	使用正确、熟练						
			B	正确但不熟练						
			C	熟练但不正确						
			D	不正确、不熟练						
			E	未答题						
合计配分	100		合计得分							

参考答案

▶实训四　参考答案

模块三
化工安全技术

课题一 危险化学品

【知识目标】
1. 了解 GHS 中有关化学品的分类和标签。
2. 熟悉化学品 MSDS。
3. 掌握危险化学品管理相关规定。

【能力目标】
1. 能识读化学品安全信息。
2. 能识别化学品危害。

【思政目标】
1. 提高主动排查安全隐患的意识。
2. 具有合理配置资源的大局意识。

案例分析

2020年2月11日19时50分左右,位于辽宁葫芦岛经济开发区一家公司的烯草酮车间发生爆炸事故,发生原因是烯草酮工段操作人员未对物料进行复核确认,错误地将丙酰三酮加入到氯代胺储罐内,导致丙酰三酮和氯代胺在储罐内发生反应,放热并积累热量,物料温度逐渐升高,最终导致物料分解、爆炸。

事故原因分析:该公司安全生产规章制度不健全,执行不规范,生产异常应急处理机制不健全,对从业人员安全教育培训不到位,烯草酮车间管理人员职责划分不清晰。

一 全球化学品统一分类和标签制度(GHS)

据美国化学文摘(Chemical Abstracts,CA)记录,全世界已有的化学品多达700万种,经常使用的有7万多种,每年全世界新出现化学品1000多种。所谓化学品是指各种元素组成的纯净物和混合物。危险化学品是指具有毒害、腐蚀、爆炸、燃烧、助燃等性质,对人体、设施、环境具有危害的剧毒化学品和其他化学品(《危险化学品安全管理条例》第三条)。中华人民共和国应急管理部(原国家安全监督管理总局)制定的《危险化学品目录(2015版)》共2828种危险化学品。

《全球化学品统一分类和标签制度》(Globally Harmonized System of Classification and Labeling of Chemicals,简称 GHS,又称"紫皮书")是由联合国最初于 2003 年出版的指导各国建立统一化学品分类和标签制度的规范性文件,现行版本为 2015 年第六次修订版。GHS 制度包括两方面内容:一是对化学品危害性的统一分类,二是对化学品危害信息的统一公示。

1. GHS 制度危害性分类

GHS 制度将化学品的危害大致分为 3 大类 28 项:物理危害(16 项);健康危害(10 项);环境危害(2 项)。具体分类见表 3.1。

表3.1 GHS 制度下的化学品危害分类

物理危害(16 项)	
爆炸物	发火液体
易燃气体	发火固体
易燃气溶胶	自热物质和混合物
氧化性气体	遇水放出易燃气体的物质和混合物
高压气体	氧化性液体
易燃液体	氧化性固体
易燃固体	有机过氧化物
自反应物质和混合物	金属腐蚀剂
健康危害(10 项)	
急性毒性	生殖毒性
皮肤腐蚀/刺激	致癌性
严重眼损伤/眼刺激	特定目标器官/系统毒性单次接触
呼吸或皮肤敏化作用	特定目标器官/系统毒性重复接触
生殖细胞致突变性	吸入危险
环境危害(2 项)	
危害水生环境	危害臭氧层

危险货物分类与 GHS 制度危害性分类有区别。GB 6944—2012《危险货物分类和品名编号》将危险货物分为 9 类：第 1 类爆炸品；第 2 类气体；第 3 类易燃液体；第 4 类易燃固体、易于自燃的物质、遇水放出易燃气体的物质；第 5 类氧化性物质和有机过氧化物；第 6 类毒物质和感染性物质；第 7 类放射性物质；第 8 类腐蚀性物质；第 9 类杂项危险物质和物品。对应危险性标志图见表 3.2。

表3.2　危险货物包装标志

2. GHS 制度危害信息公示

GHS 制度采用两种方式公示化学品的危害信息，即化学品安全标签和化学品安全技术说明书。

（1）化学品安全标签

化学品安全标签是指危险化学品在市场上流通时应由供应者提供的附在化学品包装上的，用于提示接触危险化学品的人员的一种标识。它用简单、明了、易于理解的文字、图形表述有关化学品的危险特性及其安全处置的注意事项。

一份完整的化学品安全标签通常包含产品标识、危险象形图、信号词、危险说明、防范说明和供应商标识6部分。

① 产品标识包括产品的中文和英文名称、CAS号、容量或浓度等。

② GHS制度中规定的化学品危险象形图共9种，见表3.3。

表3.3　9种危险象形图

危险象形图	![爆炸物]	![压力气瓶]	![氧化物]
危险性类别	爆炸物，类别1~3； 自反应物质，A、B型； 有机过氧化物，A、B型	压力下气体	氧化性气体； 氧化性液体； 氧化性固体
危险象形图	![易燃]	![腐蚀]	![毒性]
危险性类别	易燃气体，类别1； 易燃气溶胶； 易燃液体，类别1~3； 易燃固体； 自反应物质，B~F型； 自热物质； 自燃液体； 自燃物体； 有机过氧化物，B~F型； 遇水放出易燃气体的物质	金属腐蚀物； 皮肤腐蚀/刺激，类别1； 严重眼损伤/眼睛刺激，类别1	急性毒性，类别1~3
危险象形图	![感叹号]	![健康危害]	![环境危害]

危险性类别	急性毒性，类别4； 皮肤腐蚀/刺激，类别2； 严重眼损伤/眼睛刺激，类别2A； 皮肤过敏	呼吸过敏； 生殖细胞突变性； 致癌性； 生殖毒性； 特异性靶器官系统毒性一次接触； 特异性靶器官系统毒性反复接触； 吸入危害	对水环境的危害，急性类别1，慢性类别1、2

③ 信号词是表明危险相对严重程度的词语，包括"危险"和"警告"两种。危险类别1对应"危险"，危险类别2对应"警告"。

④ 危险说明是用来描述产品危险性质的短语，包括其在某特定情况下的危险程度。例如："易燃液体和蒸汽（H226）""加热可能起火或爆炸（H241）""吸入致命（H330）"。

⑤ 防范说明指建议采取的措施，以最大限度地减少或防止因接触某种危险物质或因对它存储或搬运不当而产生的不利效应。例如："远离热源、火花、明火、热表面——禁止吸烟（P210）""戴呼吸防护器具（P284）"。

危险说明和防范说明都需使用可查询的固定短语。短语代号中，H代表危险（Hazardous），P代表防护（Protective）。

⑥ 供应商标识包括供应商的名称、地址和联系电话等。

标签应粘贴、挂拴（喷印）在化学品包装或容器明显位置。多层包装运输，原则要求内外包装都应加贴（挂）安全标签。单一包装货物运输标签及化学品安全标签样例见图3.1。UN No.为联合国危险货物运输编号，CN No.为中国危险货物编号。

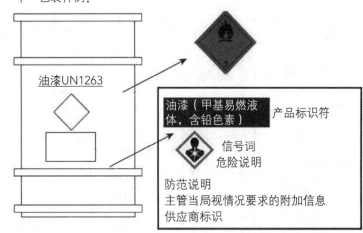

▲图3.1 单一包装货物运输标签及化学品安全标签样例

使用的危险化学品应有安全标签。使用单位购进危险化学品时，必须核对包装上的安全标签，安全标签若脱落或损坏，经检查核对后应补贴。使用单位购进的化学品需要转移或分装到其他容器内时，转移或分装后的容器应贴安全标签。化学品出口，应按进口国有关安全标签要求执行。盛装危险化学品的容器在未净化处理前，不得更换原安全标签。使用单位应对职工进行专门的培训教育，使职工能正确辨识安全标签的内容，对化学品进行安全使用和处置。经销单位经销的危险化学品必须具有安全标签。进口的危险化学品必须具有符合我国标签标准的中文安全标签。运输单位对无安全标签的危险化学品应拒绝承运。

（2）化学品安全技术说明书

化学品安全技术说明书（Material Safety Data Sheet，MSDS）也被称为CSDS 或 SDS。MSDS 是化学品生产或销售企业按法律要求向客户提供的有关化学品特征的一份综合性法律文件。它是传递产品安全信息的最基础的技术文件，用于指导化学品的安全生产、安全流通和安全使用，为紧急救助和事故处理提供技术信息。

MSDS 共包含 16 个项目，每个项目的具体内容见表3.4。

表3.4　MSDS 的项目及内容

项目	内容
化学品及企业标识	标明化学品名称、生产企业名称、地址、邮编、电话、应急电话、传真等信息
成分/组成信息	纯化学品：标明其化学品名称或商品名和通用名。混合物：标明危害性组分的浓度或浓度范围
危险性概述	概述本化学品最重要的危害和效应，主要包括危害类别、健康危害、环境危害、燃爆危险等信息
急救措施	指作业人员意外受到伤害时，所需采取的现场自救或互救的简要方法
消防措施	标明化学品的物理或化学特殊危险性，适合的灭火介质，不适合的灭火介质，以及消防人员个体防护等信息
泄漏应急处理	化学品泄漏后现场可采用的简单有效的应急措施，包括应急行动、应急人员防护、环保措施、消除方法等
操作处置与储存	指化学品操作处置和安全储存方面的信息，包括操作处置中的安全注意事项、安全储存条件等
接触控制/个体防护	在生产、操作处置、搬运和使用化学品的作业过程中，为保护作业人员而采取的防护方法和手段
理化特性	化学品的外观及理化性质等信息，包括外观与形状、pH 值、相对密度、燃烧热、临界温度、闪点、爆炸极限等
稳定性和反应活性	叙述化学品的稳定性和反应活性方面的信息，包括稳定性、禁配物、应避免接触的条件、聚合危害、燃烧（分解）产物等
毒理学资料	提供化学品的毒理学信息，包括急性毒性、刺激性、致敏性、慢性毒性、致突变、致畸、致癌性等

续表

项目	内容
生态学资料	陈述化学品的环境生态效应和行为，包括生物效应、生物降解性、生物富集、环境迁移等
废弃处置	指对被化学品污染的包装和无使用价值的化学品的安全处理方法，包括废弃处置方法和注意事项
运输信息	指国内、国际化学品包装、运输的要求及运输规定的分类和编号等
法规信息	化学品管理方面的法律条款和标准
其他信息	提供其他对安全有重要意义的信息，包括参考文献、填表部门、数据审核单位等

获取 MSDS 的途径有多种，实验室或者车间里若有工作涉及的有害化学品的 MSDS，可以向化学品供应商取得 MSDS，也可以从 MSDS 查询网站上查询。

二 危险化学品管理

为了预防和减少危险化学品事故，保障人民群众生命财产安全，保护环境，国务院 2013 年 12 月 7 日修订的《危险化学品安全管理条例》中明确指出，危险化学品安全管理，应当坚持"安全第一、预防为主、综合治理"的方针，强化和落实企业的主体责任。生产、储存、使用、经营、运输危险化学品的单位的主要负责人，对本单位的危险化学品安全管理工作全面负责。

从事危险化学品的单位必须取得相应的许可证。安全生产监督管理部门负责危险化学品安全监督管理综合工作，对危险化学品的建设项目进行安全条件审查，核发危险化学品安全生产、安全使用和经营许可证，并负责危险化学品登记工作。公安机关负责危险化学品的公共安全管理，核发剧毒化学品购买许可证、剧毒化学品道路运输通行证，并负责危险化学品运输车辆的道路交通安全管理。质量监督检验检疫部门负责核发危险化学品及其包装物、容器生产企业的工业产品生产许可证。工商行政管理部门依据有关部门的许可证件，核发危险化学品生产、储存、经营、运输企业营业执照。

国家实行危险化学品登记制度，为危险化学品安全管理以及危险化学品事故预防和应急救援提供技术、信息支持。危险化学品单位应当制订本单位危险化学品事故应急预案，配备应急救援人员和必要的应急救援器材、设备，并定期组织应急救援演练。

1. 危险化学品的装卸

从事危险货物装卸的人员对所装危险货物要掌握其化学、物理性质及应急措施，穿戴正确的劳动防护用品。进入装卸作业区，不准随身携带火种，不准使用手机。车厢必须平整牢固，车厢内不得有与所装货物性质相抵触的残留物。设置好止轮器，防止溜车。必要时做好静电接地等预防措施。装卸中仔细核对货物，看清包装要求，轻拿轻放，严禁拖拉、翻滚、撞击、投掷。

2. 危险化学品的运输

危险化学品运输从业人员（包括运输危险化学品的驾驶员、装卸人员和押运员）必须掌握有关危险化学品运输的安全知识，了解运输危险化学品的性质、危害特性、包装容器的使用特性，知道发生意外时的应急措施，经当地交通部门考核合格，取得上岗资格证。

运输危险化学品的车辆要符合交通管理部门对车辆和设施的规定，专车专用，有明显标志，并配备必要的防护用品和应急救援器材。危险化学品运输车辆必须配备押运员，并随时处于押运人员的监督下，不得超装、超载，不得进入危险化学品运输车辆禁止通行的区域。运输危险化学品途中需停车、住宿或遇有无法正常运输的情况时，应向当地公安部门报告。

3. 危险化学品的生产与储存

生产、储存危险化学品的单位，应当根据其生产、储存的危险化学品的种类和危险特性，在作业场所设置相应的监测、监控、通风、防晒、调温、防火、灭火、防爆、泄压、防毒、中和、防潮、防雷、防静电、防腐、防泄漏以及防护围堤或者隔离操作等安全设施、设备，并按照国家标准、行业标准或者国家有关规定对安全设施、设备进行经常性维护、保养，保证安全设施、设备的正常使用。设置通信、报警装置，并保证处于适用状态。在其作业场所和安全设施、设备上设置明显的安全警示标志，并委托具备国家规定资质条件的机构，对本企业的安全生产条件每 3 年进行一次安全评价。

危险化学品应当储存在专用仓库、专用场地或者专用储存室内，并由专人负责管理；剧毒化学品以及储存数量构成重大危险源的其他危险化学品，应当在专用仓库内单独存放，并实行"五双"制度，即双人收发、双人记账、双人双锁、双人运输、双人使用。所谓重大危险源，是指生产、储存、使用或者搬运危险化学品，且危险化学品的数量等于或者超过临界量的单元（包括场所和设施）。储存危险化学品的仓库，必须建立严格的出入库管理制度。

危险化学品的储存方式、方法以及储存数量应当符合国家标准或者国家有关规定。储存方式有隔离储存、隔开储存、分离储存及露天堆放。各类危险品不得与禁忌物料混合储存，灭火方法不同的危险化学品不能同库储存（禁忌物料配置见 GB 18265—2019）。比如，易燃气体不得与助燃气体、剧毒气体同储；氧气不得和油脂混合储存；爆炸物品不准和其他类物品同储，必须单独隔离限量储存。

4. 废弃物处置

各部门、车间的危险化学品废弃物，必须指定专人负责，送往企业危险化学品废弃物处置部门统一处置，达到国家环保部门的要求，不得随意抛弃。安全技术部门负责把废弃物的数量、储存、流向、处置等相关资料报当地县级以上环保局。

小结

1. GHS 制度将化学品危害分为物理危害、健康危害、环境危害三大类。
2. GHS 制度化学品危害信息公示。
   （1）化学品安全标签（6 部分内容）。
   （2）化学品安全技术说明书 MSDS（16 项内容）。
3. 危险化学品管理包括生产、储存、使用、经营、运输、废弃处置。

测试题 3_1

一、选择题

1. GB 6944—2012《危险货物分类和品名编号》将危险货物分为（　　）类。
   A. 3　　　　　B. 8　　　　　C. 9　　　　　D. 16
2. GHS 制度化学品的危险象形图共（　　）种。
   A. 3　　　　　B. 8　　　　　C. 9　　　　　D. 16
3. （　　）部门依据有关部门的许可证件，核发危险化学品生产、储存、经营、运输企业营业执照。
   A. 工商行政管理　　　　　B. 安全监督管理
   C. 公安机关　　　　　　　D. 质量监督检验检疫
4. （　　）部门负责危险化学品安全监督管理综合工作。
   A. 工商行政管理　　　　　B. 安全监督管理
   C. 公安机关　　　　　　　D. 质量监督检验检疫

5. 企业的安全生产条件每（　　）年进行一次安全评价。
   A. 2　　　　　B. 3　　　　　C. 4　　　　　D. 5

二、填空题

1. GHS 制度将化学品危害分为_____危害、_____危害和_____危害三大类。
2. 化学品安全标签中的信号词有_____和_____两种。
3. 危险化学品运输从业人员包括_____、_____和_____。

三、简答题

1. 危险化学品管理中实行"五双"制度指的是什么？
2. 按照《危险化学品安全管理条例》，安全运输有哪些规定？（至少4点）

参考答案

▶ 测试题3_1 参考答案 ◀

在线测试

▶ 在线题库-【试卷3_1】◀

实训五
危险化学品信息识读与应用

实训介绍

假设你是一名槽罐车装卸员,现在需要对环氧乙烷槽罐车进行卸车工作,工作前需要知晓哪些安全预防知识?

实训内容

活动 1:环氧乙烷信息获取

简单的环氧乙烷安全信息可从_____获取,详细的环氧乙烷安全信息可以查询_____。

环氧乙烷 MSDS(摘选)

中文名称	环氧乙烷	分子式	C_2H_4O
闪点/℃	<-17.8	引燃温度/℃	429
爆炸上限/%	100	爆炸下限/%	3.0
健康危害	是一种中枢神经抑制剂、刺激剂和原浆毒物。急性中毒:头晕、恶心和呕吐、流泪、呛咳、胸闷、呼吸困难;重者全身肌肉颤动、言语障碍、神志不清		
燃爆危险	本品易燃,有毒,为致癌物,具刺激性,具致敏性		
皮肤接触	立即脱去污染的衣着,用大量流动的清水冲洗至少 15min。就医		
眼睛接触	立即提起眼睑,用大量流动的清水或生理盐水彻底冲洗至少 15min。就医		
吸入	迅速脱离现场至空气新鲜处。保持呼吸道通畅。如呼吸困难,给输氧。如呼吸停止,立即进行人工呼吸		
呼吸系统	空气中浓度超标时,建议佩戴自吸过滤式防毒面具(全面罩)		
眼睛防护	见呼吸系统防护		
身体防护	穿防静电工作服		
手防护	戴橡胶手套		
危险特性	其蒸气能与空气形成范围广泛的爆炸性混合物。遇热源和明火,有燃烧爆炸的危险。其蒸气比空气相对密度大,能在较低处扩散到相当远的地方,遇火源会着火回燃		
灭火方法	切断气源。若不能切断气源,则不允许熄灭泄漏处的火焰。喷水冷却容器,可能的话将容器从火场移至空旷处。灭火剂:雾状水、抗溶性泡沫、干粉、二氧化碳		
泄漏应急处理	迅速撤离泄漏污染区人员至上风处,并立即隔离 150m,严格限制出入。切断火源。建议应急处理人员戴自给正压式呼吸器,穿防静电工作服。尽可能切断泄漏源。用工业覆盖层或吸附/吸收剂盖住泄漏点附近的下水道等地方,防止气体进入		

操作注意事项	密闭操作，局部排风。建议操作人员佩戴自吸过滤式防毒面具，穿防静电工作服，戴橡胶手套。远离火种、热源，工作场所严禁吸烟。使用防爆型的通风系统和设备。在输送过程中，钢瓶和容器必须接地和跨接，防止产生静电。配备相应品种和数量的消防器材及泄漏应急处理设备
储存注意事项	储存于阴凉、通风的库房。远离火种、热源。避免光照。库温不宜超过30℃。应与酸类、碱类、醇类、食用化学品分开存放，切忌混储。禁止使用易产生火花的机械设备和工具

活动2：环氧乙烷信息识读

根据获取的环氧乙烷信息完成下表填写。

化学品名称		美国化学文摘号	
所属危险种类		所属危险项	
闪点		燃烧属性	
爆炸极限范围		爆炸属性	
警示词			
危险性概述			
可用灭火器种类			
联合国危险货物编号			

活动3：环氧乙烷作业安全预防

【1】作业前需要哪些安全防护？

【2】若发生泄漏，需要如何应急处理？

参考答案

课题二　工业毒物危害及防护

【知识目标】
1. 了解工业毒物的基本概念。
2. 掌握毒物进入人体的途径。
3. 理解毒性指标 LD_{50} 的含义。

【能力目标】
1. 能判别毒物的毒性大小。
2. 能针对特定毒物制定对应的防护措施。

【思政目标】
1. 具有对职业的敬畏精神。
2. 提高抵制和举报违法行为的意识。

案例分析

2017年5月13日凌晨3:30，河北省沧州市某公司发生氯气泄漏事故，导致该公司现场员工及附近人员中毒，周边群众一千余人被紧急疏散。事故造成2人死亡、25人入院治疗。该公司位于当地乡村之中，有职工48人，主要产品为氯醚橡胶和氯磺化聚乙烯橡胶，生产过程中使用液氯（钢瓶装）等危险化学品作为原料，液氯使用量约为每年2000t。

事故原因：该公司为降低氯气使用成本，避免频繁切换液氯钢瓶，违法建设一容积为 $15m^3$ 的储罐，私自增加液氯储量。5月13日凌晨，在液氯罐车向该储罐卸料时，储罐底阀阀后出料管破裂，引发液氯泄漏。该公司第一时间应急处置不力，导致液氯长时间大量泄漏，致使现场员工及附近人员中毒。

一、工业毒物危害

所谓毒物，指进入机体，蓄积达一定的量后，与机体组织发生生物化学或生物物理学变化，干扰或破坏机体的正常生理功能，引起暂时性或永久性的病理状态，甚至危及生命的物质。工业生产过程中接触到的毒物，主要指化学物质，称为工业毒物。它们有的是原料或辅助材料，有的是中间体或单体，有的是成品，有的是废弃物。物理状态有的本身就是气态物质，有的是液体挥发出来的蒸气，也有的是固体小颗粒，如烟尘、粉尘。

1. 毒物进入人体途径

毒物进入人体途径见图3.2。

（1）呼吸道

呼吸道是工业生产中毒物进入体内的最重要的途径。凡是以气体、蒸气、雾、烟、粉尘形式存在的毒物，均可经呼吸道侵入体内。人的肺由亿万个肺泡组成，肺泡壁很薄，壁上有丰富的毛细血管，毒物一旦进入肺，很快就会通过肺泡壁进入血循环而被运送到全身。

▲图3.2 毒物进入人体途径

（2）皮肤

在工业生产中，毒物经皮肤吸收引起中毒亦比较常见。脂溶性毒物经表皮吸收后，还需有水溶性才能进一步扩散和吸收，所以水、脂皆溶的物质（如苯胺）易被皮肤吸收。

（3）消化道

在工业生产中，毒物经消化道吸收多半是由于个人卫生习惯不良，手沾染的毒物随进食、饮水或吸烟等进入消化道。进入呼吸道的难溶性毒物被清除后，可经由咽部被咽下而进入消化道。

2. 毒物的毒性指标

毒物造成机体损害的能力，称为毒性。毒性是用来表示毒物剂量与引起毒害作用关系的一个概念。毒物的毒性作用不仅与它的性质有关，而且与其剂量、作用于机体的方式及被作用者的个体差异有关。

（1）半数致死量/浓度（LD_{50}/LC_{50}）

最常用的毒性评价指标是半数致死量/浓度（LD_{50}/LC_{50}），即指使实验动物一次染毒后，在14天内有半数实验动物死亡所使用的毒物剂量或浓度。LD_{50}（半数致死量）单位：mg/kg，表示每千克动物体重需要毒物的毫克数。LC_{50}

（半数致死浓度）单位：mg/m^3，表示每立方米空气中含有毒物的毫克数。毒物的 LD_{50}/LC_{50} 可以查询对应的 MSDS 获得，其数值越小，表示该物质毒性越大。

（2）毒物急性毒性分级

按 WHO 急性毒性分级标准，毒物的毒性分为剧毒、高毒、中等毒、低毒和微毒 5 级，见表 3.5。

表3.5 毒物的急性毒性分级

毒性分级	剧毒	高毒	中等毒	低毒	微毒
大鼠一次经口 LD_{50}/（mg/kg）	<1	1~50	50~500	500~5000	>5000
对人可能致死量/（g/kg）	<0.05	0.05~0.5	0.5~5	5~15	>15
对人可能致死量（60kg 体重）总量/g	0.1	3	30	250	>1000

3. 毒物对人体的危害

毒物被肌体吸收后，随血液循环（部分随淋巴液）分布到全身，当在作用点达到一定浓度时，就可发生中毒现象。中毒分为急性、亚急性和慢性。毒物一次短时间内大量进入人体后可引起急性中毒；少量毒物长期进入人体所引起的中毒称为慢性中毒；介于两者之间者，称为亚急性中毒。

机体与有毒化学物质之间的相互作用是一个复杂的过程，中毒后的表现千变万化。不同毒物作用于人体，会对人体的某个特定部位有着毒害反应。比如，甲醇影响视神经，导致失明；一氧化碳中毒使血液的输氧功能发生障碍；高浓度硫化氢抑制呼吸中枢或引起机械性阻塞而窒息；氨气、氯气、二氧化硫、光气等引起肺炎及肺水肿；苯中毒引起血液中红细胞、白细胞和血小板减少等。

二 工业毒物防护

为了避免人体在正常作业时受到危害物质的侵害，达到职业卫生和安全的目的，必须采取一定的防毒措施，制定毒物泄漏应急预案。

1. 防毒措施

① 选用无害或危害性小的化学品替代已有的有毒有害化学品，它是消除化学品危害最根本的方法。例如用水基涂料或水基胶黏剂替代有机溶剂基的涂料或胶黏剂；喷漆和除漆用的苯可用毒性小于苯的甲苯替代等。

② 改革会产生有害因素的工艺过程，改造技术设备，实现生产的密闭化、连续化、机械化和自动化，使作业人员脱离或减少直接接触有毒物质的机会。

③ 采用物理的方式将化学品暴露源与工人隔离开。最常用的隔离方法是将生产或使用的化学品用设备完全封闭起来，使工人在操作中不接触化学品。如隔离整个机器，封闭加工过程中的扬尘点，都可以有效地限制污染物扩散到作业环境中去。

④ 有效的通风，使气体、蒸气或粉尘的浓度低于最高容许浓度。通风分局部通风和全面通风两种。使用局部通风时，污染源应处于通风罩控制范围内；使用全面通风，其原理是向作业场所提供新鲜空气，抽出污染空气，从而稀释、降低有害气体、蒸气或粉尘浓度。

⑤ 加强对毒物及预防措施的宣传教育。建立健全安全生产责任制、卫生责任制和岗位责任制。通过登记注册、使用安全标签和安全技术说明书等手段，对化学品实行全过程管理，以杜绝或减少事故的发生。

⑥ 加强对有害物质的监测，控制有害物质的浓度，使其低于国家有关标准规定的最高容许浓度。

⑦ 作业人员必须严格遵守操作规程，做好个人防护，正确佩戴合适有效的防护用具，避免毒物的入侵。接触毒物作业的人员要定期进行健康检查。必要时实行转岗、换岗作业。

2. 毒物泄漏应急

一旦发生毒物泄漏事故，必须以最快的速度、发挥最大的效能，有序地实施救援，把事故危害降到最低点，最大限度地减少人员伤亡和财产损失。中毒事故应根据先救人后处置、先控制后处置的原则进行应急处置。

现场作业人员或最早发现者应在第一时间采取紧急处理，停止进出料。同时向值班室汇报，并准确地报告事故发生的地点、时间和现场状况以及事故造成的伤害程度等情况。应急指挥中心接到报警后，迅速通知有关岗位，下达生产事故应急救援指令，同时发出警报信号。事故现场消防人员应佩戴好相关劳保用品，首先检查事故现场有无昏厥、中毒、烧伤和烫伤人员，应以最快速度将伤者带出现场，严重者由后勤保障组尽快送往医院救治。疏散警戒组根据危险品中毒事故场所、设施情况及其分析，确定事故现场人员的疏散地点，以及撤离方向、方式、方法，带领现场需疏散人员撤离现场。

若已知现场有中毒人员，应遵照图3.3中毒急救要领步骤施救。

▲图 3.3　中毒急救要领

对于呼吸道中毒，首先使患者脱离中毒环境，保持呼吸道通畅，对呼吸心跳停止者立即施行人工呼吸和心肺复苏术；对于急性皮肤吸收中毒，应立即脱去受污染的衣物，用大量清水冲洗，也可用微温水，禁用热水；对于误服吞咽中毒，应当催吐、洗胃（用清水、生理盐水或其他能中和毒物的液体，洗胃液每次不超过 500mL，以免把毒物冲入小肠）、清泻（口服或胃管送入大剂量的泻药，如硫酸镁、硫酸钠等）或采用药物解毒。

小结

1. 毒物进入人体的途径：吸入、食入和皮肤吸收。
2. 半数致死量 LD_{50} 数值越小，表示物质毒性越大。
3. 防毒工程技术控制措施：替代、变更工艺、隔离、通风、个体防护、净化回收。
4. 中毒急救要领：
   （1）安全进入现场。
   （2）迅速抢救生命。
   （3）设法切断毒源。
   （4）彻底清理污染。
   （5）尽快送医治疗。

测试题 3_2

一、选择题

1. 直径小于 0.1μm 的固体颗粒称作（　　　）。
   A. 薄雾　　　　　B. 灰尘　　　　　C. 烟尘　　　　　D. 粉尘

2. 某物质大鼠一次经口 LD_{50} 为 0.5mg/kg，按 WHO 急性毒性分级标准属于（   ）。

   A. 剧毒　　　　B. 高毒　　　　C. 中等毒　　　　D. 低毒

3. 最理想的防毒工程技术控制措施是（   ）。

   A. 通风　　　　B. 隔离　　　　C. 替代　　　　D. 个人防护

4. 采用物理的方式将化学品暴露源与工人隔离开的措施称为（   ）。

   A. 通风　　　　B. 隔离　　　　C. 替代　　　　D. 个人防护

5. 苯对人体的危害主要是（   ）系统。

   A. 消化　　　　B. 呼吸　　　　C. 神经　　　　D. 血液

二、填空题

1. 请写出几种对人体有毒害的化学品名称：＿＿＿＿、＿＿＿＿、＿＿＿＿、＿＿＿＿。

2. 工业生产中毒物进入人体最常见的途径是＿＿＿＿，因为个人卫生习惯问题，可能会通过＿＿＿＿引起中毒。

3. 半数致死量 LD_{50} 单位是＿＿＿＿，其数值越小，表示该物质毒性越＿＿＿＿。

三、简答题

1. 简述工业毒物预防措施。

2. 某小区居民楼内发生煤气中毒事故，假设你是一名施救人员，该怎么做？

参考答案

测试题3_2
参考答案

在线测试

▶ 在线题库-【试卷3_2】◀

课题三 燃烧和爆炸

【知识目标】
1. 掌握燃烧的三要素。
2. 理解燃烧的实质和过程。
3. 理解爆炸极限的含义。

【能力目标】
1. 能根据闪点判断物质易燃程度。
2. 能根据爆炸极限判断物质爆炸危险性。

【思政目标】
1. 具有耐心细致以及认真负责的工作态度。
2. 提高防范燃烧和爆炸的安全意识。

案例分析

2017年8月10日,位于河北沧州的某公司发生一起火灾事故,造成2人死亡,12人受伤。经初步分析,事故可能原因是:8月10日23时左右,该公司120万吨/年催化裂化装置气压机出口冷却器内漏,该公司在组织维保单位更换冷却器出口阀门过程中,由于对系统未进行有效隔离,造成凝缩油自吸收塔窜入冷却器出口并泄漏扩散,遇金属撞击出火花闪燃,造成现场作业人员伤亡。

一 燃烧

燃烧是物体快速氧化,产生光和热的过程。燃烧的发生需要具备一定的条件,只有燃烧的三要素,即可燃物、助燃物和点火源相互作用才可能引发燃烧。

有组织的燃烧在工业和生活中都有应用。工业上锅炉的使用,通过燃烧将化学能转换为热能,以燃烧的方式对废弃物进行处理;生活上炉灶的使用、烟花的燃放等,都是利用了物质的燃烧。但无组织的燃烧就可能会造成人身伤亡和财产损失。

1. 燃烧三要素

（1）可燃物

一般情况下，凡是能在空气、氧气或其他氧化剂中发生燃烧反应的物质都称为可燃物。可燃物既可以是单质，如碳、硫、磷、氢、钠、铁等，也可以是化合物或混合物，如甲烷、乙醇、木材、煤炭、棉花、纸张、汽油等。可燃物按其组成可分为无机可燃物和有机可燃物两大类。从数量上讲，绝大部分可燃物为有机物，少部分为无机物，如钠、钾、镁、钙、铝等金属，碳、磷、硫，以及一氧化碳、氢气和非金属氢化物等。

可燃物按其常温状态，可分为易燃固体、可燃液体及可燃气体三大类。不同状态的同一种物质燃烧性能是不同的。一般来讲，气体比较容易燃烧，其次是液体，再次是固体。同样的物质，物理状态越分散越容易燃烧，比如木屑比木板更容易燃烧，分散的小液滴比聚集的液体更容易燃烧。

（2）助燃物

能帮助和维持燃烧的物质称为助燃物，通常氧化剂都是助燃物。氧化剂的种类很多。氧气是最常见的氧化剂，空气中约 21%（体积百分数）是氧气，故一般可燃物质在空气中均能燃烧。

其他常见的氧化剂有卤族元素：氟、氯、溴、碘。此外还有一些化合物，如硝酸盐、氯酸盐、重铬酸盐、高锰酸盐及过氧化物等，它们的分子中含氧较多，当受到光、热或摩擦、撞击等作用时，都能发生分解，放出氧气，能使可燃物氧化燃烧，因此它们也属于助燃物。

（3）点火源

点火源是指具有一定能量，能够引起可燃物质燃烧的能源。有时也称着火源。点火源的种类很多，主要包括以下几类。

① 明火，包括火柴、打火机的明火焰，气焊的乙炔火焰，加热炉、锅炉中油、煤的燃烧火焰以及烟头火、油灯火、炉灶火等。

② 电火花，如电气设备正常运行中产生的火花，电路故障时产生的火花，静电放电火花及雷电等。

③ 高温表面。

④ 冲击与摩擦，如砂轮、铁器摩擦产生的火花等。

⑤ 其他，如化学反应热、绝热压缩、聚集的日光等。

还有一种点火源，没有明显的外部特征，而是自可燃物内部发热，由于热量不能及时失散引起温度升高导致燃烧。这种情况可视为"内部点火源"。这类点火源造成的燃烧现象通常叫自燃。

可燃物、氧化剂和点火源是构成燃烧的三个要素，缺一不可。这是指"质"的方面的条件——必要条件，但这还不够，还要有"量"的方面的条件——充分条件。在某些情况下，如可燃物的数量不够，助燃物不足，或点火源的能量不够大，燃烧也不能发生。要使可燃物发生燃烧，不仅要同时具有三个基本条件，而且每一条件都必须具有一定的"量"，并彼此相互作用，燃烧才会发生和持续。

2. 闪点与燃点

（1）闪点

在一定温度下，可燃液体表面产生蒸气，当与空气混合后，一遇着火源，就会发生一闪即灭的火苗，这种现象称为闪燃。闪燃是一种瞬间燃烧现象，往往是着火的先兆。液体发生闪燃的最低温度，称为闪点。闪点，是评价液体火灾危险性大小的主要依据。液体闪点越低，火灾危险性就越大。

几种常见易燃和可燃液体的闪点见表 3.6。

表3.6　常见易燃和可燃液体的闪点

液体名称	闪点/℃	液体名称	闪点/℃
汽油	-46	乙醇	12
原油	6~32	乙醚	-45
煤油	43~72	丙酮	-20
苯	-11	异戊烷	-56
甲苯	4	乙酸	39

（2）燃点

可燃物质在空气中与火源接触，达到某一温度时，开始产生有火焰的燃烧，并在火源移去后仍能持续燃烧的现象，称为着火。可燃物质开始发生持续燃烧所需要的最低温度，称为燃点，也称着火点。易燃液体的燃点约高于其闪点 1~5℃。物质的燃点越低，越容易着火，火灾危险性就越大。

三　爆炸

爆炸是一种极为迅速的物理或化学的能量释放过程。物质从一种状态迅速地转变为另一种状态，并在瞬间以机械功的形式释放出巨大能量，通常同时伴随强烈放热、发光和声响的效应。所以一旦失控，发生爆炸事故，就会产生巨大的破坏作用。

1. 爆炸的类型

按照产生的原因和性质，可将爆炸分为三类。

（1）物理爆炸

物理爆炸是由物理变化（温度、体积和压力等因素）引起的，在爆炸的前后，爆炸物质的性质及化学成分均不改变。如锅炉的爆炸，其原因是过热的水迅速蒸发出大量蒸汽，使蒸汽压力不断提高，当压力超过锅炉的极限强度时，就会发生爆炸。又如氧气钢瓶受热升温，引起气体压力增高，当压力超过钢瓶的极限强度时即发生爆炸。发生物理爆炸时，气体或蒸汽等介质潜藏的能量在瞬间释放出来，会造成巨大的破坏和伤害。

（2）化学爆炸

化学爆炸是由化学变化造成的。相对不稳定的系统，在外界一定强度的能量作用下，能产生剧烈的放热反应，产生高温高压和冲击波。爆炸的反应速度非常快，反应放出大量的热，并生成大量的气体产物。由于反应热的作用，气体急剧膨胀，但又处于压缩状态，数万个兆帕压力形成强大的冲击波，使周围介质受到严重破坏。根据爆炸时的化学变化，化学爆炸又可分为三类。

① 简单分解爆炸。这类爆炸没有燃烧现象，爆炸时所需要的能量由爆炸物本身分解产生。属于这类物质的有叠氮钠、雷汞、三氯化氮、乙炔铜等。这类物质非常危险，受轻微震动就会发生爆炸。如叠氮钠的分解爆炸反应为

$$2NaN_3 \xrightarrow{震动} 2Na + 3N_2 + Q$$

② 复杂分解爆炸。这类爆炸伴有燃烧现象，燃烧所需要的氧由爆炸物自身分解供给。所有炸药，如三硝基甲苯、三硝基苯酚、硝化甘油、黑色火药等均属于此类。如硝化甘油炸药的爆炸反应为

$$C_3H_5(ONO_2)_3 \xrightarrow{引爆} 3CO_2 + 2.5H_2O + 1.5N_2 + 0.25O_2$$

1kg 硝化甘油炸药的分解热为 6688kJ，温度可达 4697℃，爆炸瞬间体积可增大 1.6 万倍，速度达 8625m/s，故能产生强大的破坏力。这类爆炸物的危险性与简单分解爆炸物相比，危险性稍小。

③ 爆炸性混合物爆炸。可燃气体、蒸气或粉尘与空气（或氧）混合后，形成爆炸性混合物，这类爆炸的爆炸破坏力虽然比前两类小，但实际危险要比前两类大，这是由于石油化工生产形成爆炸性混合物的机会多，而且往往不易察觉。爆炸性混合物的爆炸需要一定的条件，即可燃物与空气或氧达到一定的混合浓度，并具有一定的激发能量，即点火源。

（3）核爆炸

核爆炸是剧烈核反应中能量迅速释放的结果，是由核裂变、核聚变或者是这两者的多级串联组合所引发的。

2. 爆炸极限

可燃气体、蒸气或粉尘与空气（氧）的混合物，必须在一定的浓度范围内，遇引火源才能发生爆炸，这个浓度范围称为爆炸极限，通常用可燃气体在空气中的体积百分含量（%）表示。爆炸极限分下限和上限，即在空气中含量的最低浓度和最高浓度。浓度低于爆炸下限，遇到明火既不会燃烧，也不会爆炸；高于爆炸上限，也不会爆炸，但是会燃烧；只有在下限和上限之间才会发生爆炸。而可燃粉尘的爆炸上限很高，一般达不到，所以通常只标明爆炸下限，而且用 g/m^3 来表示。当浓度超过爆炸下限时，遇到明火即发生爆炸。

爆炸极限用于评定气体或粉尘的火灾危险性大小。爆炸下限越低，爆炸极限范围越宽，发生火灾爆炸的危险性就越大。几种常见物质的爆炸极限见表3.7。

表3.7 常见物质的爆炸极限

物质名称	爆炸下限/%	爆炸上限/%	物质名称	爆炸下限/%	爆炸上限/%
甲烷	5	15	氢气	4	75
乙烷	3	15.5	乙炔	2.5	100
丙烷	2.1	9.5	环氧乙烷	3	100
丁烷	1.9	8.5	氰化氢	5.6	40
乙醇	3.3	19	硫化氢	4.3	45.5
甲醛	7	73	一氧化碳	12.5	74.2

混合气体的爆炸极限与混合气体的种类和体积百分含量有关，混合系的组分不同，爆炸极限也不同。同一混合系，初始温度、系统压力、惰性介质含量、混合系存在空间及器壁材质以及点火能量的大小等，都能使爆炸极限发生变化。一般规律是：原始温度升高，则爆炸极限范围增大；系统压力增大，爆炸极限范围也增大；混合系中所含惰性气体量增加，爆炸极限范围缩小；容器、管子直径越小，则爆炸极限范围就越小。

3. 粉尘爆炸

粉尘爆炸指可燃性粉尘在爆炸极限范围内遇到热源引发的爆炸。发生粉尘爆炸的首要条件是粉尘本身可燃，即能与氧气发生氧化反应，如煤尘、面粉等；其次，粉尘要悬浮在空气中达到一定浓度，粉尘呈悬浮状，才能保证其表面与助燃物充分接触；最后，要有足够引起粉尘爆炸的起始能量。粉尘爆炸涉及的范围很广，煤炭、化工、医药加工、木材加工、粮食和饲料加工等部门都时有发生。

（1）粉尘爆炸过程

粉尘爆炸是因其粉尘粒子表面氧化而发生的，物质的燃烧热越大，则其粉尘的爆炸危险性也越大；粉尘的表面吸附空气中的氧，颗粒越细，吸附的氧就越多，也越易发生爆炸。其爆炸过程见图3.4。

▲图3.4　粉尘爆炸的过程

（2）粉尘爆炸特点

① 粉尘爆炸所需的最小点火能量较高，一般在几十毫焦耳以上。因为粉尘是固体，点燃粉尘所需的初始能量比点燃气体的要大得多。

② 多次爆炸是粉尘爆炸的最大特点。第一次爆炸，气浪会把沉积在设备或地面上的粉尘吹扬起来，在爆炸后短时间内爆炸中心区会形成负压，周围的新鲜空气便由外向内填补进来，与扬起的粉尘混合，从而引发二次爆炸。二次爆炸时，粉尘浓度会更高。

③ 粉尘容易引起不完全燃烧，因此在产物气体中含有大量一氧化碳，有发生一氧化碳中毒的危险。

④ 与可燃性气体爆炸相比，粉尘爆炸压力上升较缓慢，较高压力持续时间长，释放的能量大，破坏力强。

小结

1. 燃烧三要素：可燃物、助燃物、点火源。
2. 液体闪点越低越容易燃烧。
3. 爆炸类型：物理爆炸、化学爆炸、核爆炸。
4. 爆炸极限范围越大越容易爆炸。
5. 粉尘爆炸的条件与特点。

测试题 3_3

一、选择题

1. （　　）是评价液体火灾危险性大小的最主要依据。

　　A. 燃点　　　　B. 闪点　　　　C. 着火点　　　　D. 沸点

2. 不属于化学爆炸的是（　　）。
   A. 粉尘爆炸　　B. 炸药爆炸　　C. 锅炉爆炸　　D. 乙炔爆炸
3. 不是点火源的是（　　）。
   A. 光照　　　　B. 烟头　　　　C. 摩擦　　　　D. 空气
4. 下列物质最容易发生爆炸的是（　　）。
   A. 环氧乙烷　　B. 氢气　　　　C. 甲烷　　　　D. 酒精
5. 下列物质火灾危险性最大的是（　　）。
   A. 酒精　　　　B. 汽油　　　　C. 醋酸　　　　D. 丙酮
6. （　　）可以使高温蜡油燃烧起来。
   A. 对着高温蜡油喷水　　　　　B. 对着高温蜡油鼓风
   C. 向高温蜡油中挤牙膏　　　　D. 以上方式都不可以
7. 爆炸极限是指易燃易爆物质发生爆炸的（　　）。
   A. 浓度下限值　B. 浓度范围值　C. 温度下限值　D. 温度范围值

二、填空题

1. 燃烧三要素指_____、_____、_____。
2. 化学爆炸分为_____、_____和_____，粉尘爆炸属于_____爆炸。
3. 爆炸极限大受_____、_____、_____、_____等因素影响。

三、简答题

1. 哪些行业容易发生粉尘爆炸？
2. 燃气正常使用时为什么不会爆炸？

参考答案

▶ 测试题3_3 参考答案 ◀

在线测试

▶ 在线题库-【试卷3_3】◀

课题四 **化工防火防爆技术**

【知识目标】
1. 掌握点火源控制措施。
2. 了解危险物控制的一般方法。
3. 熟悉防火防爆设施名称。

【能力目标】
1. 会识别火灾爆炸危险性。
2. 能针对性提出具体的防火防爆措施。

【思政目标】
1. 具有防火防爆的责任担当。
2. 具有企业主人翁的责任心。

案例分析

> 2014年8月2日上午7:37，江苏昆山某公司汽车轮毂抛光车间在生产过程中发生爆炸，造成多人伤亡，直接经济损失上亿。
>
> 事故直接原因：事故车间除尘系统较长时间未按规定清理，铝粉尘集聚。除尘系统风机开启后，打磨过程产生的高温颗粒在集尘桶上方形成粉尘云。1号除尘器集尘桶锈蚀破损，桶内铝粉受潮，发生氧化放热反应，达到粉尘云的引燃温度，引发除尘系统及车间的系列爆炸。

一 火灾爆炸危险性识别

化工生产火灾爆炸事故时有发生，由于化工产品的显著危害性，化工火灾爆炸事故往往会造成重大人员伤亡财产损毁和环境污染等后果，且化工火灾爆炸事故的救援难度大，从事化工行业的人员必须掌握足够的化工生产防火防爆技术。

在化工装置运行过程中，始终存在着高温、高压、易燃、易爆、易中毒等危险因素。为了预防燃烧爆炸事故的发生，首先要识别危险，判断火灾爆炸隐患的危险程度，并采取相应的防范措施。表 3.8 分别列出了储存物品和生产过程的火灾危险性分类标准。

表3.8 火灾危险性分类标准

储存物类别	火灾危险性特征
甲	1. 闪点＜28℃的液体 2. 爆炸下限＜10%的气体，以及受到水或空气中水蒸气的作用，能产生爆炸下限＜10%气体的固体物质 3. 常温下能自行分解或在空气中氧化即能导致迅速自燃或爆炸的物质 4. 常温下受到水或空气中水蒸气的作用能产生可燃气体并引起燃烧或爆炸的物质 5. 遇酸、受热、撞击、摩擦以及遇有机物或硫黄等易燃的无机物，极易引起燃烧或爆炸的强氧化剂 6. 受撞击、摩擦或与氧化剂、有机物接触时能引起燃烧或爆炸的物质
乙	1. 28℃≤闪点＜60℃的液体 2. 爆炸下限≥10%的气体 3. 不属于甲类的氧化剂 4. 不属于甲类的化学易燃危险固体 5. 助燃气体 6. 常温下与空气接触能缓慢氧化，积热不散引起自燃的物品
丙	1. 闪点≥60℃的液体 2. 可燃固体
丁	难燃烧物品
戊	非燃烧物品

二 化工防火防爆措施

1. 点火源控制

燃烧炉火、反应热、电源、维修用火、机械摩擦热、撞击火星，以及吸烟用火等着火源，是引起易燃易爆物质着火爆炸的常见原因。控制这类火源的使用范围，严格执行各种规章制度，对于防火防爆是十分重要的。

（1）明火

化工生产中的明火主要是指生产过程中的加热用火、维修用火及其他火源。加热易燃液体时，应尽量避免采用明火，而采用蒸汽、过热水、中间载热体或电热等。如果必须使用明火，设备应严格密闭，燃烧室应与设备建筑分开或隔离。在有火灾爆炸危险的厂房内，应尽量避免焊割作业，进行焊割作业时应严格执行工业用火安全规定。

（2）摩擦与撞击

轴承及时添油，保持良好的润滑，经常清除附着的可燃污垢。搬运盛有易燃物的金属容器时，不要抛掷，防止互相撞击。不准穿带钉鞋进入易燃易爆场所，特别危险的防爆工房内，地面应采用不发生火花的软质材料。防爆区域，采用木制或铜质工具代替铁质工具。

（3）高温表面

可燃物的排放口应远离高温表面，高温表面要有隔热保温措施。不能在高温管道和设备上烘烤衣服等可燃物件。油抹布等易自燃引起火灾，应装入金属桶、箱内等安全地点并及时处理。吸烟易引起火灾，要加强这方面的宣传教育和防火管理。

（4）电火花

如果电气设备不符合防爆规程的要求，在具有爆炸、易燃危险的场所，电气设备所产生的火花、电弧和危险温度可能导致火灾爆炸事故的发生。

2. 危险物料控制

（1）按物料的物化特性采取措施

对于物质本身具有自燃能力的油脂、遇空气能自燃的物质、遇水燃烧爆炸的物质等，应采取隔绝空气，防水防潮，或采取通风、散热、降温等措施，以防止物质自燃和发生爆炸。

（2）系统密闭及负压操作

为了防止易燃气体、蒸气和可燃性粉尘与空气构成爆炸性混合物，应该使设备密闭。对于在负压下生产的设备，应防止空气吸入。负压操作可以防止系统中的有毒或爆炸气体向器外逸散。

（3）通风置换

采用通风措施时，应当注意生产厂房内的空气，如含有易燃易爆气体，则不应循环使用。在有可燃气体的室内，排风设备和送风设备应有独立分开的通风机室。排除有燃烧爆炸危险粉尘的排风系统，应采用不产生火花的除尘器。

（4）惰性介质保护

化工生产中常用的惰性气体有氮、二氧化碳、水蒸气及烟道气。惰性气体作为保护性气体，常用于以下几个方面。

① 易燃固体物质的粉碎、筛选处理及其粉末输送时，采用惰性气体进行覆盖保护。

② 处理可燃易爆的物料系统，在送料前用惰性气体进行置换，以排除系统中原有的空气，防止形成爆炸性混合物。

③ 易燃液体利用惰性气体进行充压输送。

④ 在有爆炸性危险的生产场所，引起火花危险的电器、仪表等采用充氮正压保护。

⑤ 在易燃易爆系统需要动火检修时，用惰性气体进行吹扫和置换。

3. 工艺过程控制

在生产过程中，正确控制各种工艺参数，防止超温、超压和物料跑损是防止火灾和爆炸的根本措施。

（1）温度控制

不同的化学反应都有其自己最适宜的反应温度，正确控制反应温度，不但对保证产品质量、降低消耗有重要的意义，也是防火防爆所必需的。

（2）投料控制

从投料速度、投料配比、投料顺序、原料纯度几个方面，严格按照操作规程和质量检测要求进行投料。

（3）防止跑、冒、滴、漏

生产过程中，跑、冒、滴、漏往往导致易爆介质在生产场所的扩散，是化工企业发生火灾爆炸事故的重要原因之一。发生跑、冒、滴、漏，一般有以下两种情况：一是操作不精心或误操作，例如收料过程中槽满跑料、开错排污阀等；二是设备管线和机泵的结合面不密封而泄漏。

4. 自动控制和安全保护装置

（1）自动控制

利用分散控制系统（DCS）、可编程序控制器（PLC）等，有效对温度、压力、流量、液位等过程参数进行控制。

（2）安全保护装置

化工生产中，在出现危险状态时，信号报警装置可以通过声、光等信号警告操作者，及时采取措施消除隐患。保护装置在发生危险状况时，能自动消除不正常状况，如锅炉、压力容器上装设的安全阀和防爆片等安全装置。安全联锁装置就是利用机械或电气控制依次接通各个仪器及设备，并使之彼此发生联系，达到安全生产的目的。

5. 防火防爆设施

化工生产中防火防爆设施包括安全液封、阻火器和止回阀等，如图 3.5 所示。其作用是防止外部火焰进入有燃烧爆炸危险的设备、管道、容器，或阻止火焰在设备和管道间的扩展。

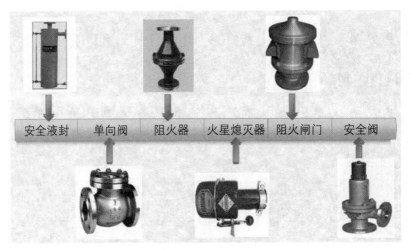

▲图 3.5　防火防爆安全设施

6. 粉尘爆炸的预防

对有粉尘爆炸危险的厂房，必须严格按照防爆技术等级进行设计，并单独设置通风、排尘系统。经常湿式打扫车间地面和设备，防止粉尘飞扬和聚集。保证系统要有很好的密闭性，必要时对密闭容器或管道中的可燃性粉尘充入氮气、二氧化碳等气体，以减少氧气的含量，抑制粉尘的爆炸。

小结

1. 火灾危险性识别：存储物的类别有甲、乙、丙、丁、戊。
2. 化工防火防爆技术
　　（1）点火源控制。
　　（2）危险物料控制。
　　（3）工艺过程控制。
　　（4）自动控制和安全保护装置。
　　（5）防火防爆设施。
　　（6）粉尘爆炸的预防。

测试题 3_4

一、选择题

1. 盛装苯的 100m³ 储罐按照火灾危险性分析属（　　）级别。
   A. 甲类　　　　B. 乙类　　　　C. 丙类　　　　D. 丁类
2. 下列不属于防火防爆设施的是（　　）。
   A. 安全阀　　　B. 火星熄灭器　C. 压力表　　　D. 单向阀
3. 在易燃易爆系统需要动火检修时，可用（　　）进行吹扫和置换。
   A. 氮气　　　　B. 氢气　　　　C. 氧气　　　　D. 压缩空气
4. （　　）就是利用机械或电气控制依次接通各个仪器及设备，并使之彼此发生联系，达到安全生产的目的。
   A. 信号报警　　B. 安全联锁　　C. 自动控制　　D. 保险装置
5. （　　）是防爆标志。
   A. Fb　　　　　B. Fx　　　　　C. Eb　　　　　D. Ex

二、填空题

1. 化工生产中常用的惰性气体有_____、_____、_____和_____。
2. 在生产过程中，正确控制各种工艺参数，防止_____、_____和_____是防止火灾和爆炸的根本措施。
3. 火灾危险性分类标准中规定甲类化学品闪点_____，爆炸下限_____。

三、简答题

1. 化工生产中如何控制点火源以防止燃烧爆炸？
2. 简述粉尘爆炸的预防措施。

参考答案

在线测试

模块四
文明生产

课题一　安全生产法律法规

【知识目标】
1. 了解我国安全生产法律法规体系结构。
2. 了解企业安全生产规章制度。
3. 熟悉特种作业的种类及其人员上岗规定。

【能力目标】
能根据安全生产的法律法规指导安全生产。

【思政目标】
具有遵守安全生产法律法规的底线思维。

案例分析

某冶炼厂给料系统由一台皮带输送机送料，经颚式破碎机破碎后进入下一工序。某日夜班（0:00~8:00），职工王某在此岗位负责操作。由于当班所破碎的原料大块的较多，破碎机难于吃进，遇到大块的矿石必须停机将矿石取出，人工用大锤先将其砸成小块。按正常给料时的操作，完成当班生产任务只要五个多小时，而这回到距离下班时间还有两小时的时候才完成当班工作任务的60%左右。凌晨6:00左右，一块大料进入破碎机，王某看到破碎机只是在不停地空转，矿石没有下去，便将皮带输送机停下，径直走到破碎机进料口，左脚踩在操作台边缘，右脚使劲往破碎机进料口踩矿石。石块终于被挤压进去，但由于王某用力过猛，右脚也进入了破碎机，脚踝以下全部夹碎。

王某违反破碎机操作规程规定，为了尽快完成当班生产任务，急于求成。按照破碎机操作规程规定，破碎机被料卡住时，必须停机处理，而王某为了提高产量未采取停机处理措施，而是用脚踩大块矿石，从而导致此次事故发生。违反安全生产规章制度是这次事故发生的主要原因。

一 安全生产法律法规

我国关于安全生产的法律法规，主要是一个包含多种法律形式和法律层次的综合性系统，调整生产过程中所产生的同劳动者的安全和健康有关的各种社会关系的法律规范总和。从法律规范的形式和特点来讲，既包括作为整个安全生产法律法规基础的宪法规范，也包括行政法律规范、技术性法律规范、程序性法律规范。

1. 安全生产法律法规体系

（1）宪法

《中华人民共和国宪法》是我国职业安全健康立法的法律依据和指导原则。

（2）安全生产方面的法律

包括《中华人民共和国刑法》（对违反各项劳动安全健康法律法规，情节严重的要负刑事责任）；《中华人民共和国安全生产法》（我国职业健康安全的基本法）；一些针对职业安全健康的专项法律，如《中华人民共和国矿山安全法》《中华人民共和国消防法》《中华人民共和国职业病防治法》等。

（3）安全生产行政法规

由国务院组织并批准公布的，为实施生产安全或职业健康而颁布的条例和规定等，如《危险化学品安全管理条例》《中华人民共和国尘肺病防治条例》等。

（4）地方性安全生产法规

由省、自治区、直辖市人民代表大会及其常务委员会，根据本行政区的特点而制定的行政法规，适用范围是本行政区域，如《上海市电梯安全管理办法》等。

（5）国际安全公约

经我国批准生效的国际劳工公约，也是我国职业安全健康法规的重要组成部分。公约国家权力机构的批准，对批准国具有约束力，批准国应采取必要的措施使该公约得以实施。如1973年准予就业最低年龄公约（第138号公约），要求会员国制定有关法律规定，保证最低就业年龄不低于15岁，目的是消除童工劳动。我国1998年批准该条约，条约的批准对我国消除童工现象起到了积极的作用。

2. 有关安全生产法律举例

《中华人民共和国消防法》（简称《消防法》）是我国的安全生产法律法规

之一，由中华人民共和国第十一届全国人民代表大会常务委员会第五次会议于2008年10月28日修订通过，修订后的《消防法》自2009年5月1日起施行。该法于2019年4月23日进行了第一次修正，于2021年4月29日进行了第二次修正。

制定《消防法》的目的是预防火灾和减少火灾危害，加强应急救援工作，保护人身、财产安全，维护公共安全。《消防法》规定了：消防工作贯彻"预防为主、防消结合"的方针，按照"政府统一领导、部门依法监管、单位全面负责、公民积极参与"的原则，实行消防安全责任制，建立健全社会化的消防工作网络。

《消防法》明确了消防工作的原则、消防工作的安全责任，建立了消防监督管理制度，加强了农村消防工作，对我国的消防防灾具有重大意义。

二、企业安全生产规章制度

企业安全生产规章制度是企业根据国家安全生产法律、法规、规章、标准等，结合本单位实际情况，制定的有针对性保障企业安全生产的工作运行制度及标准。

1. 企业安全生产规章制度类别

企业安全生产规章制度一般可以分成安全生产管理制度和安全操作规程两大类。

安全生产管理制度主要是各种安全生产管理制度、管理规范、管理标准，如"安全生产责任制""有毒有害作业场所环境监测制度""生产设备安全技术标准"等。

安全操作规程分两大类：一类是各种生产设备的安全操作规程，规定了各种生产设备的正确操作程序、方法等；另一类是各岗位安全操作规程，规定了各生产岗位工作的全过程各工序的正确安全操作方法。这两类的规程根本内容是一致的，都是为了安全生产，只是侧重点不一样，设备安全操作规程注重生产设备的操作，即"物的安全"；而岗位安全操作规程则侧重于人的行为安全，即"人的安全"。

遵守各种法律和各种安全规章制度是安全生产的关键，但是目前生产企业却存在着违章指挥、违章操作和违反劳动纪律等"三违"问题。"三违"问题是发生安全事故的重要原因。

2. 安全生产教育培训制度

安全生产教育培训制度是安全生产管理制度中一个重要的制度，是安全生产的先导工作，企业必须要有完善的安全教育培训机制，让从业者具备相应的安全意识、安全知识和安全技能。

《中华人民共和国安全生产法》对安全生产教育和培训做了很多的规定，企业中每个人（包括各层次管理人员）都必须接受安全生产教育，特别是普通员工，更是安全教育的重点，是生产企业安全工作的基础。根据统计数据，发生工伤事故和生产事故中近80%是由于操作工人自身的"三违"造成的。操作工人是最重要的生产因素，通过可靠的管理，及时有效地进行培训和教育，提高他们的安全素质和操作技能，是做好企业安全工作的关键。

企业安全教育内容应该包括方针政策教育、安全法规教育、生产技术知识教育，还需要如下方面的培训。

① 安全生产意识教育。

② 一般安全生产技术知识教育。

③ 专业安全生产技术知识教育。

④ 安全生产技能培训。

⑤ 事故案例分析。

"三级教育"制度是安全生产教育培训制度最基本也是最重要的形式，内容包括厂级教育、车间教育、班组教育。

3. 安全操作规程

企业设备技术安全操作规程是安全操作各种设备的指导文件，是安全生产的技术保障，是职工操作机械和调整仪表以及从事其他作业时必须遵守的规章和程序。安全操作规程规定了操作过程该干什么，不该干什么，或设备应该处于什么样的状态，是操作人员正确操作设备的依据，是保证设备安全运行的规范，对提高设备可利用率、防止故障和事故发生、延长设备使用寿命等起着重要作用。让员工都能正确地使用各类设备，是设备安全操作规程的主要目的。

安全操作规程主要包含的内容如下。

① 操作前的准备：明确规定操作时所穿戴的劳保用品以及穿戴方法；操作前应该准备哪些工装器具；设备应该处于的初始状态，做哪些检查等。

② 明确操作过程中设备启动的先后顺序，每个具体步骤的操作方式，机器设备的状态，如手柄、开关所处的位置等；操作设备过程中操作人员所处的位置

和操作过程中的规范姿势；操作设备过程中禁止的行为。

③ 操作设备过程中出现异常情况如何处理。

④ 作业完成后阶段：各操作手柄、按钮复位，恢复设备状态；所使用的工具要清点，作业用辅助设施及时拆除；设备润滑，场地清理；维修作业要做好设备交接；个人防护用品应在确认作业完成后，最后摘除。

三 特种作业人员

2010 年 4 月 26 日国家安全生产监督管理总局局长办公会议审议通过《特种作业人员安全技术培训考核管理规定》。本规定自 2010 年 7 月 1 日起施行，2013 年 8 月 29 日第一次修正，2015 年 5 月 29 日第二次修正。所谓的特种作业，是指容易发生事故，对操作者本人、他人的安全健康及设备、设施的安全可能造成重大危害的作业。特种作业的范围由特种作业目录规定。所称特种作业人员，是指直接从事特种作业的人员。

《特种作业人员安全技术培训考核管理规定》中规定了特种作业的种类，以下列举一些特种作业。

① 电工作业。指对电气设备进行运行、维护、安装、检修、改造、施工、调试等作业（不含电力系统进网作业），包括高压电工作业、低压电工作业、防爆电气作业。

② 高处作业。指专门或经常在坠落高度基准面 2m 及以上有可能坠落的高处进行的作业。

③ 登高架设作业。指在高处从事脚手架、跨越架架设或拆除的作业。

④ 高处安装、维护、拆除作业。指在高处从事安装、维护、拆除的作业，适用于利用专用设备进行建筑物内外装饰、清洁、装修，电力、电信等线路架设，高处管道架设，小型空调高处安装、维修，各种设备设施与户外广告设施的安装、检修、维护，以及在高处从事建筑物、设备设施拆除作业。

⑤ 化工自动控制仪表作业。指化工自动控制仪表系统安装、维修、维护的作业。

以上列举了一些特种作业工作，特种作业具体种类可以在《特种作业人员安全技术培训考核管理规定》查询得到。特种作业人员在劳动生产过程中担负着特殊任务，所承担的风险较大，一旦发生事故，便会对企业生产、职工人身安全造成巨大损失，因此特种作业的工作人员必须经过专门的安全技术知识教育和安全操作技术培训，并经过严格考核，考核合格取得特种作业操作证，才能上岗工作。

小结

1. 安全生产法律法规体系

   （1）宪法；

   （2）安全生产方面的法律；

   （3）安全生产行政法规；

   （4）地方性安全生产法规；

   （5）国际安全公约。

2. 企业安全生产规章制度

   企业安全生产规章制度是企业根据国家安全生产法律、法规、规章、标准等，结合本单位实际情况，制定的有针对性保障企业安全生产的工作运行制度及标准。

3. 特种作业

   特种作业是指国家特种作业目录规定的容易发生事故，对操作者本人、他人的安全健康及设备、设施的安全可能造成重大危害的作业。特种作业的工作人员必须经过专门的安全技术知识教育和安全操作技术培训，并经过严格考核，考核合格取得特种作业操作证，才能上岗工作。

测试题 4_1

一、选择题

1. （　　）是职业健康安全的基本法。

   A.《中华人民共和国宪法》

   B.《中华人民共和国安全生产法》

   C.《危险化学品安全管理条例》

   D.《中华人民共和国职业病防治法》

2. 地方性安全生产法规是由省、自治区、直辖市人民代表大会及其常务委员会，根据本行政区的特点而制定的行政法规，适用范围是（　　）。

   A. 全国　　　　　　　　　B. 本市

   C. 本行政区域　　　　　　D. 本省

3. 企业中每个人都必须接受安全生产教育，特别是（　　），更是安全教育的重点。

   A. 企业法人　　　　　　　　B. 各层次管理人员
   C. 普通员工　　　　　　　　D. 上级领导

二、填空题

1. "三级教育"制度是安全生产教育培训制度最基本也是最重要的形式，内容包括_____、_____、_____。
2. 让员工都能正确地使用_____，是设备安全操作规程的主要目的。
3. 所谓的特种作业，是指容易发生_____，对操作者本人、他人的安全健康及设备、设施的安全可能造成重大_____的作业。

三、简答题

1. 简述我国安全生产法律体系。
2. 简述安全操作规程主要包含的内容。

参考答案

▶ 测试题4_1
参考答案

在线测试

▶ 在线题库-【试卷4_1】◀

课题二 清洁生产

【知识目标】
1. 掌握清洁生产的概念。
2. 了解清洁生产的目标。
3. 熟悉清洁生产的内容。
4. 掌握清洁生产的途径和方法。

【能力目标】
能在工厂生产和日常生活中贯彻清洁生产的理念。

【思政目标】
1. 具有资源综合利用的大局观。
2. 具有经济、社会和环境效益统一的全局观。

案例分析

卡伦堡是丹麦一个仅有2万居民的工业小城市,距离首都哥本哈根以西100km左右。2000年,卡伦堡的工业园区有五家大型企业和十余家小型企业,其中的煤电厂向炼油厂和制药厂供应发电过程中产生的蒸汽,使炼油厂和制药厂获得了生产所需的热能;并通过地下管道向卡伦堡全镇居民供热,由此关闭了镇上3500座燃烧油渣的炉子,减少了大量的烟尘排放;部分余热供应养鱼池、温室养花。炼油厂把多余的燃气提供给石膏厂,用于石膏生产的干燥。生产酶、胰岛素的生物制品厂把废弃物用作农场的肥料。水泥厂利用发电厂脱硫飞尘制造水泥;石膏厂利用发电厂的二氧化硫生产石膏。炼油厂脱硫装置的硫,供给硫酸厂生产硫酸,副产品硫代硫酸钠用于生产化肥。制药厂利用当地的农产品土豆和玉米发酵生产,发酵后的生物质又作为肥料,废酵母作为饲料。卡伦堡城市水处理厂产生的污泥又被土壤修复公司用作生物恢复养料。可以看出,卡伦堡各企业通过贸易方式,利用对方企业生产过程中产生的废弃物或副产品,作为自己生产中的原料,不仅减少了废物产生量和处理费用,还产生了很好的经济效益,使经济发展和环境保护处于良性循环之中。卡伦堡生态园区是一个清洁生产和循环经济的典型代表。

一 清洁生产

随着工业革命的进行，环境问题日趋严重，人类高速地消耗着地球上的资源，向大自然无止境地排放着危害人类健康和破坏生态环境的各类污染物，生态问题日趋严重。在这样的背景下，联合国环境规划署提出了环境保护由末端治理转向生产的全过程控制的全新污染预防策略。它以节能、降耗、减污、增效为目的，以技术管理为手段，通过对生产进行改进，减小工业生产对人类健康和环境的影响，达到预防污染、提高企业经济效益的目的。

1. 清洁生产的概念

《中华人民共和国清洁生产促进法》对清洁生产的定义：不断采取改进设计、使用清洁的能源和原料、采用先进的工艺技术与设备、改善管理、综合利用等措施，从源头削减污染，提高资源利用效率，减少或者避免生产、服务和产品使用过程中污染物的产生和排放，以减轻或者消除对人类健康和环境的危害。

由此可见，清洁生产是通过产品设计、能源和原料选择、工艺改革、生产过程管理和物料的循环利用等技术手段，使企业生产对环境的影响降低。清洁生产的生产过程少污染，不仅仅包括了产品本身的少污染，还包括了产品废弃后的整个生命周期的可回收和处理过程的无污染。

2. 清洁生产的目标

清洁生产谋求达到两个目标：

① 通过资源的综合利用，短缺资源的代用，二次能源的利用，以及节能、降耗、节水，合理利用自然资源，减缓资源的耗竭。

② 减少废物和污染物的排放，促进工业产品的生产、消耗过程与环境相融，降低工业活动对人类和环境的风险。

这两个目标体现了清洁生产将工业生产的经济效益、社会效益和环境效益统一，保证国民经济的持续发展。

3. 清洁生产的主要内容

清洁生产可归纳为"三清一控制"，即清洁的原料与能源、清洁的生产过程、清洁的产品，以及贯穿于清洁生产的全过程控制。

（1）清洁的原料与能源

清洁的原料与能源，是指在产品生产中能被充分利用而极少产生废物和污染的原材料和能源。为此：

① 少用或不用有毒、有害及稀缺原料，选用品位高的较纯净的原材料。

② 常规能源的清洁利用，如用清洁煤技术，逐步提高液体燃料、天然气的使用比例。

③ 新能源的开发，如太阳能、生物能、风能、潮汐能、地热能的开发利用。

④ 各种节能技术和措施等，如在能耗大的化工行业采用热电联产技术，提高能源利用率。

（2）清洁的生产过程

生产过程就是物料加工和转换的过程。清洁的生产过程，要求选用先进的技术工艺，将废物减量化、资源化、无害化，直至将废物消灭在生产过程之中。为此：

① 尽量少用或不用有毒、有害的原料（在工艺设计中就应充分考虑），消除有毒、有害的中间产品。

② 减少或消除生产过程的各种危险性因素，如高温、高压、低温、低压、易燃、易爆、强噪声、强震动。

③ 采用少废、无废的工艺。

④ 选用高效的设备和装置。

⑤ 做到物料的再循环（厂内、厂外）。

⑥ 简便、可靠的操作和控制。

⑦ 完善的管理等。

（3）清洁的产品

清洁的产品是有利于资源的有效利用，在生产、使用和处置的全过程中不产生有害影响的产品。清洁产品又叫绿色产品、可持续产品等。为了得到清洁的产品，就必须做好以下几点。

① 节约原料和能源，少用昂贵和稀缺原料，尽可能"废物"利用。

② 产品在使用过程中以及使用后，不含有危害人体健康和生态环境的因素。

③ 易于回收、复用和再生。

④ 合理包装。

⑤ 合理的使用功能，节能、节水、降低噪声的功能，及合理的使用寿命。

⑥ 产品报废后易处理、易降解等。

（4）贯穿于清洁生产的全过程控制

贯穿于清洁生产中的全过程控制包括两方面的内容，即生产原料或物料转化的全过程控制和生产组织的全过程控制。

生产原料或物料转化的全过程控制，也称为产品的生命周期的全过程控制。它是指从原料的加工、提炼到生产出产品、产品的使用直到报废处置的各个环节所采取的必要的污染预防控制措施。

生产组织的全过程控制，也就是工业生产的全过程控制。它是指从产品的开发、规划、设计、建设到运营管理所采取的防止污染发生的必要措施。

应该指出，清洁生产是一个相对的、动态的概念，所谓清洁生产的工艺和产品，是和现有的工艺相比较而言的。推行清洁生产，本身是一个不断完善的过程，随着社会经济的发展和科学技术的进步，需要适时地提出更新的目标，不断采取新的方法和手段，争取达到更高的水平。

4. 清洁生产原则

① 系统性。在清洁生产的过程中，要求我们不能孤立地看待问题，应该从一个整体的系统角度看待某个问题，一个单独工序的废料，也可能是另外一个工序的原料。

② 连续性。要求对产品和工艺连续不断地进行改进。

③ 预防性。本质上要求产品生产通过原料替代、工艺重新设计、产品替代，从源头对污染进行预防干预。

④ 生态无害性。要求在生产时努力使用无害工艺，优化产品，降低能耗和原料消耗，做到生态友好。

二 清洁生产的途径和方法

清洁生产是一个系统工程，它是对产品生产的全过程以及产品使用的全过程采取污染预防的综合措施。工业生产过程与生产工艺千差万别，因此要全面推进清洁生产战略，必须通过布局合理、产品设计、原料选择、生产工艺、生产设备、工艺参数、操作规程等全面分析减少污染的可能，寻找清洁生产的机会和潜力，以达到增加企业效益的同时减少对环境污染的目的。

① 工业园区整体进行布局。调整和优化经济结构和产业产品结构，进行生产的科学配置，形成合理的工业生态链，建立优化的产业结构体系，以实现资源、能源和物料的闭合循环，在园区内减少污染和废弃物。

② 改进产品设计。改进产品设计的主旨是将环境因素纳入产品开发的所有阶段，使得产品在整个生命周期内减少对环境的污染。

③ 在产品设计和原料选择时，优先选择无毒、低毒、少污染的原辅材料，替代原有毒性较大的原辅材料，以防止原料及产品对人类和环境的危害。

④ 生产工艺革新。使用新工艺技术、新生产设备，淘汰陈旧设备。新工艺、新设备能够提高资源和能源利用率，减少污染物的产生，同时优化生产程序，减少生产过程中资源浪费和污染物的产生，尽最大努力实现少废或无废生产。

⑤ 资源综合利用是清洁生产的关键。一个工厂的废弃物通过合理的利用是另外一个工厂的原料，资源综合减少了原料费用，减少了工业污染及其处置费用，降低了成本，提高了工业生产的经济效益并对环境更友好。

⑥ 加强科学管理。目前的工业污染很大一部分是由于生产过程中管理不善造成的，所以要加强生产过程的科学管理，改进操作，应做到以下几点。

a. 调查研究和废弃物审计，摸清从原材料到产品的生产全过程的物料、能耗和废弃物产生的情况，通过调查，发现薄弱环节并改进；

b. 坚持设备的维护保养制度，使设备始终保持最佳状况；

c. 对于生产过程中各种消耗指标和排污指标进行严格的监督，及时发现问题，堵塞漏洞，并把员工的切身利益与企业推行清洁生产的实际成果结合起来进行监督、管理。

⑦ 提高技术创新能力是清洁生产的一个重要手段。要达到"节能、降耗、减污、增效"的目的，必须依靠科技进步，加快自身技术改造的步伐，提高整个工艺技术装备和工艺的水平，实施清洁生产方案，取得清洁生产效果。

三 清洁生产的案例

银杏又名白果，是最古老的中生代的稀有植物之一。银杏叶中的有效成分能降低人体血液中胆固醇水平，防止动脉硬化，有良好的医用效果。自 20 世纪 60 年代起，国内外许多学者对其化学成分及化学成分的提取工艺进行了大量的研究。

目前多采用丙酮作为提取溶剂的提取法，经过一系列的过程得到银杏营养液。此类工艺的共同特点是：需要进行长时间的提取，多次的洗涤、过滤和萃取，工艺路线长；消耗了大量的有机溶剂，劳动强度大，生产成本高；收率低；

工艺过程参数控制较难，生产过程中产生大量的废液和废渣，对环境污染大，而且产品中含有重金属和有机溶剂的残余，带来副作用，给企业带来较大的环境污染治理负担。为克服上述在生产及后期治理存在的缺点，根据清洁生产原理，应用二氧化碳超临界萃取技术萃取银杏叶中有效成分的新工艺，改进后的新工艺萃取率达到 3.4%，比溶剂萃取法高 2 倍，极大地提高了收率，而且二氧化碳超临界萃取技术无重金属和有毒溶剂的残留，产品对环境更友好，符合清洁生产要求，也给企业带来了经济效益。

小结

1. 清洁生产的概念：通过不断地对产品设计、清洁能源和原料的选择，改进生产工艺，循环利用资源，使企业生产及产品对环境的影响降低。
2. 清洁生产的目标：合理利用自然资源，减缓资源的耗竭；减少污染物的排放，降低工业活动对环境的影响。
3. 清洁生产的主要内容："三清一控制"，即清洁的原料与能源、清洁的生产过程、清洁的产品，以及贯穿于清洁生产的全过程控制。
4. 清洁生产原则：系统性；连续性；预防性；生态无害性。

测试题 4_2

一、选择题

1. 随着工业革命的进行，环境问题日趋严重。在这样的背景下，联合国环境规划署提出了环境保护由末端治理转向生产（　　）的全新污染预防策略。

   A. 前端控制　　　　　　　　　B. 全过程控制
   C. 中间控制　　　　　　　　　D. 超前控制

2. 清洁生产就是不断采取改进设计、使用（　　）、采用先进的工艺技术与设备、改善管理、综合利用等措施，从源头削减污染，提高资源利用效率。

   A. 可再生能源　　　　　　　　B. 高等级原料
   C. 清洁的能源和原料　　　　　D. 以上都不是

3. 清洁生产过程的少污染，不仅仅包括了产品本身的少污染，还包括了产品（　　）后的整个生命周期的可回收和处理过程的无污染。

A. 设计前　　　　　　　　　　B. 生产过程中间

C. 废弃　　　　　　　　　　　D. 以上都不是

二、填空题

1. 清洁生产要达到的目标，一是_____的综合利用；二是减少_____的排放，降低工业活动对人类和环境的风险。

2. 清洁生产可归纳为"三清一控制"，即清洁的_____、清洁的_____、清洁的_____，以及贯穿于清洁生产的全过程控制。

3. _____、_____、_____、地热能，属于清洁能源。

4. 为了得到清洁的产品，要少用昂贵和稀缺_____，尽可能"废物"利用。

三、简答题

1. 《中华人民共和国清洁生产促进法》对清洁生产定义是什么？

2. 丹麦的卡伦堡生态工业园区用了什么方法来改善环境？

参考答案

测试题4_2 参考答案

在线测试

▶ 在线题库-【试卷4_2】◀

课题三 事故管理

【知识目标】
1. 了解事故的概念和分类。
2. 熟悉事故原因四要素。
3. 熟悉事故预防方法。
4. 掌握事故应急处置程序。

【能力目标】
1. 会分析事故原因。
2. 能识别特定条件下的风险,并进行风险评估,提出风险控制措施。

【思政目标】
1. 具有团队合作共赢和预防事故的协作精神。
2. 坚持实事求是、尊重科学的处事原则。

案例分析

2007年5月8日,江西省吉安市某公司缩合车间发生爆炸,造成3人死亡,1人重伤,11人轻伤。事故的直接原因是该公司缩合车间在抢修过程中,由于作业人员操作不当,导致反应釜内物料温度骤然升高,反应失控,产生冲料,大量易燃易爆物质喷出后与空气接触燃烧起火,并发生爆炸。

一 事故基本概念

事故是发生于预期之外的造成人身伤害或财产或经济损失的事件,通常由于人和物的异常接触而产生。事故管理是指对事故进行处理与预防的一系列管理活动。在对事故调查分析的基础上,掌握事故的发生过程、原因及规律,寻求有效的防止对策。搞好事故管理,对提高企业安全管理水平,防止重复事故发生,具有非常重要的作用。

1. 事故分类

《生产安全事故报告和调查处理条例》第三条将事故分为四个等级：

① 特别重大事故，是指造成 30 人以上死亡，或者 100 人以上重伤（包括急性工业中毒，下同），或者 1 亿元以上直接经济损失的事故；

② 重大事故，是指造成 10 人以上 30 人以下死亡，或者 50 人以上 100 人以下重伤，或者 5000 万元以上 1 亿元以下直接经济损失的事故；

③ 较大事故，是指造成 3 人以上 10 人以下死亡，或者 10 人以上 50 人以下重伤，或者 1000 万元以上 5000 万元以下直接经济损失的事故；

④ 一般事故，是指造成 3 人以下死亡，或者 10 人以下重伤，或者 1000 万元以下直接经济损失的事故。

依据国家标准《企业职工伤亡事故分类标准》，按伤害程度来分，事故可分为轻伤、重伤、死亡三种；按事故类别来分，事故可分为物体打击、车辆伤害、机械伤害、起重伤害、触电、淹溺、灼烫、火灾、高处坠落、坍塌、冒顶片帮、透水、放炮、瓦斯爆炸、火药爆炸、锅炉爆炸、容器爆炸、其他爆炸、中毒和窒息、其他伤害，共 20 种。

2. 事故原因

在生产实际中，事故发生的原因是多方面的，但归纳起来有四个方面的原因：人的不安全行为（Man）；机器的不安全状态（Machinery）；环境的不安全条件（Medium）；管理上的缺陷（Management）。即"4M"因素。

（1）人的不安全行为

人的不安全行为不一定会发生事故或造成伤害，但发生事故一定会有事故隐患或人的不安全行为。人行为的产生，受其生理、心理、个体差异、病理等内在因素的影响，或者由外部因素影响，如"人−机接口、人−环境接口、人−人接口"的存在，在系统设计时未能很好地运用人机工程准则，系统设计存在缺陷，造成操作者自身与机器系统不协调而导致失误，发生事故。如操作失误，违章冒险作业，使用不当的工具，没有佩戴个人防护用品（Personal Protective Equipment，PPE）等。

（2）物的不安全状态

物的不安全状态的产生，都与人的不安全行为或人的操作、管理失误有关，其不安全状态的出现既反映物的自身特性，又反映了管理水平。如无防护罩、无安全保险装置、无报警装置、无安全标志、无护栏或护栏损坏、（电气）未接地等。判断和控制物的不安全状态，对预防和消除事故有直接的现实意义。

（3）环境的不安全条件

生产作业环境中，湿度、温度、照明、振动、噪声、粉尘、有毒有害物质等会影响人在工作中的情绪；恶劣的作业环境还会导致职业性伤害。安全生产是一套人、机、环境系统，合理匹配可实现"机宜人、人适机、人机匹配"，能减少失误，提高效率，消除事故，做到本质安全。如何营造一个良好的作业环境，消除职业危害，是作业环境管理的核心。

（4）管理的缺陷

上述三个要素是事故的直接原因，管理上的缺陷是事故的间接原因，是事故直接原因得以存在的条件。主要有：技术缺陷，指工业建、构筑物及机械设备、仪器仪表等的设计、选材、安装、布置、维护维修有缺陷，或工艺流程、操作方法方面存在问题；劳动组织不合理；没有安全操作规程或不健全，挪用安全措施费用，不认真实施事故防范措施，对安全隐患整改不力；教育培训不够，工作人员不懂操作技术知识或经验不足，缺乏安全知识等。

二 事故预防

1. 海因里希法则

美国著名安全工程师海因里希（Heinrich）提出的 300∶29∶1 法则，也叫事故法则，即在机械生产过程中，每发生 330 起意外事件，有 300 件未产生人员伤害，29 件造成人员轻伤，1 件导致重伤或死亡。对于不同的生产过程、不同类型的事故，上述比例关系不一定完全相同，但这个统计规律说明在进行同一项活动中，无数次意外事件必然导致重大伤亡事故的发生。要防止重大事故的发生，必须减少和消除无伤害事故，要重视事故的苗头和未遂事故，否则终会酿成大祸。

事故冰山理论含义与之类似，造成死亡事故与严重伤害、未遂事件、不安全行为形成一个像冰山一样的三角形，一个暴露出来的严重事故必定有成千上万的不安全行为掩藏其后，就像浮在水面的冰山，只是冰山整体的一小部分，而冰山隐藏在水下看不见的部分，却庞大得多。要避免重大事故的发生，就必须尽可能多地发现隐藏的不安全行为和条件，并采取预防措施。

2. 危险因素识别

危险因素指能对人造成伤亡或对物造成突发性损害的因素。有害因素指能影响人的身体健康、导致疾病，或对物造成慢性损害的因素。对于危险、有害因素的定义,已经非常明确、清楚。危险因素在时间上比有害因素来得快、来得突然,造成的危害性比后者严重。

在进行危险、有害因素的识别时,要全面、有序地进行,防止出现漏项,宜从厂址、总平面布置、道路运输、建构筑物、生产工艺、物流、主要设备装置、作业环境、安全措施管理等多方面进行。识别的过程实际上就是系统安全分析的过程。

3. 风险评估

事故风险大小与事故发生的频率和事故的严重度成正比,即符合公式:

$$风险(R)=频率(F)×严重度(C)$$

依据评估结果,将风险分为四类区别对待,如图4.1所示。频率高、严重性高的风险要绝对"终止",即消除和减少危害暴露;频率高、严重性低的风险要"处理",即控制损失;频率低、严重性高的风险可"转移",即保险或外包;频率低、严重性低的风险可选择"容忍",认为是可接受的风险。

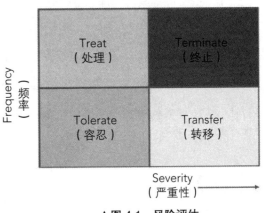

▲图4.1 风险评估

4. 风险控制

目前,化工生产中风险管理控制有一些常用工具,其中工作安全分析(Job Safety Analysis,JSA)是一种常用于评估与作业有关的基本风险的分析工具。具体做法是将员工的所有操作项列出,分析每一项操作可能存在的风险,并对风险进行评估,制订控制措施,并将此纳入安全标准操作规程(Standard Operating Procedure,SOP)中,以确保风险得以有效地控制。当然,进行JSA的人员不能是一个人,而是一个多人团队,必须包括一线操作人员。

三 事故处理

1. 事故的应急处置程序

事故的应急处置首先应明确相应的响应级别,我国一般将响应级别分为三种情况:一级紧急情况、二级紧急情况、三级紧急情况。

事故报告应当及时、准确、完整,任何单位和个人对事故不得迟报、漏报、谎报或者瞒报。接到事故报告时，首先进行事故警情分析，判明事故级别，启动应急处置程序。一般事故应急处置程序如图 4.2 所示。

2. 事故调查

事故调查处理应当坚持"实事求是、尊重科学"的原则，及时、准确地查清事故经过、事故原因和事故损失，查明事故性质，认定事故责任，总结事故教训，提出整改措施，并对事故责任者依法追究责任。事故调查组负责写出事故调查报告。事故调查处理遵循"四不放过"原则，即指：事故原因分析不清不放过，事故责任者和群众没有受到教育不放过，没有采取防范措施不放过，事故责任人没有受到处罚不放过。

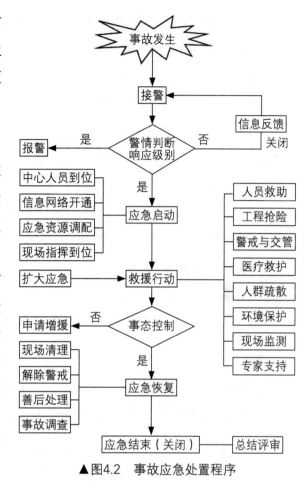

▲图4.2 事故应急处置程序

小结

1. 事故分类：特别重大事故、重大事故、较大事故、一般事故。
2. 事故原因四要素：人的不安全行为、物的不安全状态、环境的不安全条件、管理的缺陷。
3. 事故预防：危害识别、风险评估、风险控制。
4. 事故调查："四不放过"原则。

测试题 4_3

一、选择题

1. 某火灾爆炸事故造成 4 人死亡，6 人重伤，950 万元经济损失，按照《生产安全事故报告和调查处理条例》事故分类，该事故等级为（   ）。
   A. 一般事故　　B. 较大事故　　C. 重大事故　　D. 特别重大事故

2. 下列事故原因选项中属于人的不安全行为的是（　　　）。

   A. 缺乏防护用具或防护用具存在缺陷

   B. 不安全的作业姿势或方位

   C. 作业人员未经过教育培训

   D. 作业现场照明不足

3. 对于频率高、严重性低的风险要（　　　）。

   A. 处理　　　　B. 终止　　　　C. 转移　　　　D. 容忍

4. 用于评估与作业有关的基本风险分析工具是（　　　）。

   A. MOC　　　　B. PHA　　　　C. JSA　　　　D. HAZOP

5. 事故调查处理应当遵循（　　）的原则。

   A. 以人为本　　　　　　　　B. 实事求是

   C. 公平、公正、公开　　　　D. 避重就轻

二、填空题

1. 风险大小取决于_____和_____。

2. 依据国家标准《企业职工伤亡事故分类标准》，按伤害程度来分，事故可分为_____、_____和_____三种。

3. 事故原因四要素中最主要的原因是_____，间接原因是_____。

三、简答题

1. 简述事故调查"四不放过"原则。

2. 解释"海因里希法则"和事故"冰山"理论。

参考答案

在线测试

课题四 粉尘危害及防护

【知识目标】
1. 了解粉尘的概念和分类。
2. 熟悉工业粉尘的来源和危害。
3. 掌握粉尘的防护措施。

【能力目标】
1. 能分析粉尘爆炸的难易程度。
2. 能提出粉尘防护的措施。

【思政目标】
通过认识粉尘对健康的危害,提高防护意识。

案例分析

> 河南省新密市某村村民张海超,2004年8月至2007年10月在郑州某公司打工,做过杂工、破碎工,其间接触到大量粉尘。2007年8月开始咳嗽、感冒,久治未愈,医院做了胸片检查,发现双肺有阴影,诊断为尘肺病,并被多家医院证实,但职业病法定机构郑州市职业病防治所开的诊断却属于"无尘肺0+期(医学观察)合并肺结核",即有尘肺表现。在多方求助无门后,被逼无奈的张海超不顾医生劝阻,执着地要求"开胸验肺",以此证明自己确实患上了"尘肺病"。2009年9月16日,张海超证实其已获得该公司各种赔偿共计615000元。2013年2月14日,张海超患"气胸"入院,同年7月11日,张海超在无锡市人民医院成功换肺。

一 粉尘的危害

粉尘是指悬浮在空气中的固体微粒。国际标准化组织规定,粒径小于75μm的固体悬浮物为粉尘。在大气中,粉尘的存在是保持地球温度的主要原因之一,但同时,生产性粉尘也是人类健康的天敌,是诱发多种疾病的主要原因。

粉尘几乎到处可见，土壤和岩石风化后分裂成许多细小的颗粒，它们伴随着花粉、孢子以及其他有机颗粒在空中随风飘荡。除此之外，工业和交通运输会产生大量的粉尘：烟囱和内燃机排放的废气，采石场作业中固体物料的机械粉碎和研磨，水泥和面粉等粉状物料的混合、筛分、包装及运输等。

粉尘按其性质分为无机粉尘（矿物、金属等）、有机粉尘（毛、棉、麻、草、农药等），以及混合性粉尘。在大气污染控制中，根据大气中微粒的大小，粉尘可分为：飘尘，指大气中粒径小于 $10\mu m$ 的固体微粒，它能较长期地在大气中飘浮，有时也称为浮游粉尘，也被称为可吸入颗粒物，英文缩写为 PM10；降尘，指大气中粒径大于 $10\mu m$ 的固体微粒，在重力作用下，它可在较短的时间内沉降到地面；总悬浮微粒，指大气中粒径小于 $100\mu m$ 的所有固体微粒，也被称为总悬浮颗粒物，英文缩写为 TSP。

1. 健康危害

有毒的金属粉尘和非金属粉尘（铬、锰、镉、铅、汞、砷等）进入人体后，会引起中毒以至死亡。吸入铬尘，能引起鼻中隔溃疡和穿孔，使肺癌发病率增加；吸入锰尘，会引起中毒性肺炎；吸入镉尘，能引起肺气肿和骨质软化等。

无毒性粉尘对人体危害也很大。长期吸入一定量的粉尘，粉尘在肺内逐渐沉积，使肺部产生进行性、弥漫性的纤维组织增多，出现呼吸功能疾病，称为尘肺。吸入一定量的二氧化硅粉尘，使肺组织硬化，发生硅肺（旧称矽肺）。通常，$10\mu m$ 以上的粉尘被阻留于呼吸道之外；$5\sim 10\mu m$ 的尘粒大部分通过鼻腔、气管上呼吸道时被这些器官的纤毛和分泌黏液所阻留，经咳嗽、喷嚏等保护性反射而排出；小于 $5\mu m$ 的尘粒则会深入和滞留在肺泡中（部分 $0.4\mu m$ 以下的粉尘可以在呼气时排出）。因此，对人体有害粉尘，通常是指粒径不大于 $5\mu m$ 的粉尘。粉尘越细，在空气中停留的时间越长，被吸入的机会就越多；粉尘越细，比表面积越大，在人体内的化学活性越强，对肺的纤维化作用越明显。微细粉尘具有很强的吸附能力，很多有害气体、液体和金属元素，都能吸附在微细粉尘上而被带入肺部，从而促使急性或慢性病发生。

2. 爆炸危害

可燃性粉尘具有爆炸的危险，粉尘爆炸（见模块三课题三和课题四）会造成严重的人身伤亡和经济损失，粉尘引起的爆炸事件屡见不鲜。

粉尘的颗粒越小，越易燃烧，爆炸也越强烈。粒径在 $200\mu m$ 以下且分散度较大时，易于在空中飘浮，吸热快，容易着火。粒径超过 $500\mu m$ 并含有一定数量的大颗粒，则不易起爆。有机物粉尘中若含有 COOH、OH、NH_2、NO、

C=N、C≡N 和 N=N 基团时，发生爆炸的危险性较大。另外，粉尘浓度越大，爆炸的可能性也越大。

3. 环境危害

据有关报道，全国近年来由于粉尘的积累和变化，城市上空能见度普遍下降，以二氧化硫烟气为主的有毒粉尘成为影响我国空气环境的主要因素。此外，粉尘还会沾污建筑物，使有价值的古代建筑遭受腐蚀；降落在植物叶面的粉尘，会阻碍光合作用，抑制其生长。

总之，工业粉尘会带来很大的危害，工业粉尘治理已经迫在眉睫。

三 粉尘的防护

防止粉尘危害，主要在于治理不符合防尘要求的产尘作业和操作，目的是消灭和减少生产性粉尘的产生、逸散，以及尽可能降低作业环境粉尘浓度。防尘措施有技术措施和卫生保健措施。

（1）变革工艺，革新设备

生产工艺设计、设备的选择等各个环节都达到防尘要求，这是消除粉尘危害的根本措施。如采用封闭式风力管道运输、负压吸沙等消除粉尘飞扬。

（2）湿式作业

凡是可以湿式生产的作业都采用湿式作业，它是一种经济易行的防止粉尘飞扬的有效措施。如矿山的湿式凿岩、冲刷巷道、净化通风等。

（3）密闭、吸风、除尘

对于不能采用湿式作业的产尘岗位，都应该将产生粉尘的设备尽可能密闭，并使用局部机械吸风，使密闭设备内产生一定的负压，防止粉尘外溢。抽出的含尘空气经过除尘净化处理后排入大气。

（4）卫生保健措施

卫生保健措施属于预防中毒的最后一个环节，占有重要的地位。在生产现场条件受限制，粉尘浓度暂时不能达到卫生标准时，可佩戴防尘口罩，必要时可佩戴等级更高的呼吸防护设备。

小结

1. 粉尘的危害：健康危害、爆炸危害、环境危害。

2. 粉尘的防护：变革工艺，革新设备；湿式作业；密闭、吸风、除尘；卫生保健措施。

测试题 4_4

一、选择题

1. 国际标准化组织规定，粒径小于（　　）的固体悬浮物为粉尘。
   A. 5μm　　　　B. 10μm　　　　C. 75μm　　　　D. 100μm
2. 由于吸入粉尘而引起的职业病叫作（　　）。
   A. 尘肺　　　　B. 硅肺　　　　C. 噪声聋　　　　D. 粉尘中毒
3. 以（　　）烟气为主的有毒粉尘成为影响我国空气环境的主要因素。
   A. 一氧化碳　　B. 二氧化硫　　C. 二氧化氮　　D. 二氧化碳
4. 引起硅肺是由于吸入了（　　）。
   A. 有机粉尘　　B. 混合性粉尘　C. 无机粉尘　　D. 游离二氧化硅
5. 可吸入颗粒物是粒径小于（　　）的固体悬浮物。
   A. 5μm　　　　B. 10μm　　　　C. 75μm　　　　D. 100μm

二、填空题

1. 可燃粉尘的颗粒越_____、湿度越_____、浓度越_____，越易燃烧爆炸。
2. 呼吸性粉尘，是指粒径小于_____μm，能随空气进入到肺泡的浮游粉尘。

三、简答题

1. 粉尘的危害有哪些？
2. 简述工业防尘措施。

参考答案

测试题4_4 参考答案

在线测试

在线题库-【试卷4_4】

课题五　噪声危害及防护

【知识目标】
1. 掌握噪声的概念及主要来源。
2. 熟悉噪声对环境污染的危害。
3. 掌握噪声的控制方法。

【能力目标】
能实施噪声控制。

【思政目标】
认识噪声对听力的危害，提高防护意识。

案例分析

张先生是一位音乐爱好者，平时喜欢用耳机听听音乐，出门的时候更是耳机不离耳。"戴着耳机听音乐，既不影响他人，又可避免外界干扰。"张先生说，长此以往，就养成了在任何地方都戴耳机听音乐的习惯。"但最近耳朵好像有点问题。"张先生向医生叙述，每当他戴上耳机听音乐的时候，明显感觉到两边耳朵的音量不平衡，左边耳朵的音量要低，一开始还以为是耳机出问题了，后来把同一个耳机调转来使用，结果还是一样。

年仅 19 岁的黄同学也遭遇着和张先生一样的问题。为了培养语感，他读书时期一直坚持每天用耳机听英语歌、英语新闻等。但是前一段时间，他开始觉得耳朵有点痛，而且还伴有头晕、耳鸣等状况，后来就去校医院检查，医生诊断是感音神经性耳聋，是过度使用耳机引起的。

我们能听到声音，是因为我们的内耳有一个叫作耳蜗的器官，耳蜗的作用是把声音信号转化成电信号以便大脑理解。如果耳蜗长期暴露在噪声环境下，耳蜗在强度过大的声音下会发生机械损伤，从而损伤人的听力。

一 噪声及其来源

声音由物体振动引起，并以声波的形式在一定的介质（固体、液体、气体）中进行传播。为了表示声音的大小，声学上采用了声压级的概念，单位是 B（贝尔），通常用其 1/10 的值 dB（分贝）来计量声音的大小。通常人们普通说话的声压级是 50～60dB。我们每天都生活在各种声音中，声音传递着人们的思维和感情，所以声音是人们生活中不可缺少的。

声压级和人体的感受对照：

★ 10～20dB 几乎感觉不到；　　★ 20～40dB 相当于轻声说话；

★ 40～60dB 相当于室内谈话；　★ 60～70dB 有损神经；

★ 70～90dB 感觉很吵；　　　　★ 90～100dB 会使听力受损；

★ 100～120dB 使人难以忍受，几分钟就可暂时致聋。

当声音超过一定限度和范围时，就会干扰人们的生活和工作，使人感到烦躁，甚至会危害人身健康，这个时候的声音就是噪声。那么，什么是噪声呢？从物理学的观点讲，噪声就是各种不同频率和声强的声音无规律地杂乱组合，和悦耳的音乐正好相反，如汽车的喇叭声、柴油机的排气声等。从生理学观点讲，凡是使人烦躁的、讨厌的、不需要的声音都叫噪声，即使是美妙的音乐，在人需要休息的时候也会妨碍人们的正常休息，也是一种噪声。噪声是相对的，在不同时间，人们从事不同的活动时，对声音的感觉也是不同的。因此国家在规定噪声标准时，按睡眠、交谈和思考等不同情况，规定了不同的要求标准。

噪声主要来源于工业生产、交通运输、建筑施工和公共活动等几个方面。工业生产噪声是指工厂机器在运转过程中，由于机器的振动、摩擦、撞击以及空气扰动等产生的声音。根据噪声产生的不同情况，可分为下列三种。

① 空气动力性噪声，如鼓风机、通风机、排风机、空压机、燃气轮机等产生的噪声，它是由于气体振动产生的。

② 机械性噪声，如织布机、球磨机、剪板机、滚镀、滚光、电锯、冲床和刨床等产生的噪声，是由于机械加工或撞击摩擦引起振动产生的噪声。

③ 电磁性噪声，如发电机、变压器等产生的噪声，它是由于高次谐波磁场的相互作用，引起电磁振动而产生的。

二 噪声的危害

噪声广泛地影响着人们的各种活动，比如影响睡眠和休息，妨碍交谈，干扰工作，使听力受到损害，甚至引起神经系统、心血管系统、消化系统等方面的疾病。实际上，噪声是影响面最广的一种环境污染。

（1）听力损伤

噪声对听力的损害是人们认识最早的一种影响。人们在强噪声环境中，会引起听觉疲劳；长时间在90dB（A）以上环境下工作，听觉疲劳难以恢复，甚至会造成耳聋。

（2）干扰交谈、通信、工作思考和生产

在噪声环境下妨碍人们之间的交谈、通信，同时也影响人们的思考和正常工作，噪声还能使人产生头痛、脑涨、昏晕、耳鸣、多梦、失眠、心慌和全身疲乏无力等神经系统症状，从而影响工作和生产，可使劳动生产率下降10%～15%。

（3）心理影响

噪声引起的心理影响主要是烦恼，使人激动、易怒，甚至失去理智。噪声也容易使人疲劳，因此，往往会影响精力集中和工作效率，尤其是对一些不是重复性的劳动，影响比较明显。另外，由于噪声的掩蔽效应，往往会使人不易察觉一些危险信号，从而容易造成工伤事故。

（4）对身体机能的影响

噪声会引起胃机能阻滞，消化液分泌异常，胃酸降低，胃收缩减退，造成消化不良、食欲不振、恶心呕吐等，导致胃病发病率增高。噪声也会对心血管产生影响。噪声能使人的心跳加快，心律不齐，血管痉挛，引起高血压和冠心病。噪声还能引起语言紊乱、神志不清、脑震荡和休克，甚至死亡。

（5）对物质结构的影响

强噪声可使建筑物和金属结构遭到破坏。150dB（A）以上的强噪声，会使金属结构疲劳并遭到破坏。如一块0.6mm的钢板，在168dB（A）的无规则噪声作用下，只要15min就会断裂。巨大的轰声还能将房屋门窗玻璃震碎、烟囱倒塌、墙震裂，给建筑物带来很大的破坏性作用。

由于噪声的巨大危害，我国《工业企业噪声卫生标准》规定：工业企业的生产车间和作业场所的噪声允许值为85dB（A），含义是工人在噪声环境中每天工作8h，容许连续噪声的A声级为85dB，时间每减少一半，声级可提高3dB。噪声环境中每日最长工作时间如表4.1所示。

表4.1 噪声环境中每日的最长工作时间

噪声强度/dB（A）	85	88	91	94	97	100
每日最长工作时间/h	8	4	2	1	0.5	0.25

在任何情况下，作业场所的噪声最高不许超过115dB。

三 噪声的控制

1. 从声源上控制噪声

减少噪声源或者减小噪声源的强度，是控制噪声最根本的办法，它比产生噪声再去治理更为有效和节省资金。要控制噪声源，就要在生产中采用新工艺、新技术、新设备，使生产过程中不产生噪声或者少产生噪声，例如采用皮带传动或液压传动代替机械传动；用无声焊接代替高噪声的铆接；用无声的液压代替高噪声的锤打等。

2. 控制噪声传播途径

将噪声源与生产工人相互隔离开来，阻断声音的传播路径，是一种有效和常用的控制噪声的措施。隔声办法主要有隔声室、隔声罩和隔声屏障。主要原理是用透声系数小、隔声系数大、表面光滑、密度大的材料，如混凝土、钢板、砖墙等，把噪声大部分反射和吸收，而透过部分较小，达到隔声的目的。

3. 用吸声材料降低噪声强度

房间悬挂吸声体，设置吸声屏，在天花板上或房间内壁装饰吸声材料。吸声材料有玻璃棉、矿渣棉、毛毡泡沫、塑料、甘蔗板、木丝板、纤维板、微穿孔板和吸声砖等。在室内设置吸声材料，可降低5~10dB在室内反射或混响的声音。

4. 用消声器来控制噪声

消声器是一种允许气流通过而阻止声音传播的装置，把消声器安装在机器设备的排气流通道上，可以使机器设备噪声降低，一般可降低噪声15~30dB。消声主要用于降低空气动力机械辐射的空气动力性噪声，如通风机、鼓风机、空气压缩机等各类排气放空装置所发出的噪声。

5. 采用隔振的方法来减小振动的强度

噪声除了在空气中传播外，还能通过机座把振动传给地板或墙壁，从而把声音辐射传播出去。机械设备的非平衡旋转运动、活塞式往复运动、冲击、摩擦，都会产生振动。机器外壳，车、船、飞机的壳体，一般都是金属板制成，噪声可通过金属板辐射出去。为控制噪声，可在金属板上涂敷一层阻尼材料层，如沥青、软橡胶及其他高分子涂料，阻尼材料摩擦消耗大，可使振动能量变成热能散掉，而辐射不出噪声。

6. 佩戴个人防护用品

对接触噪声的人，当其他消声措施达不到要求时，采取个人噪声防护是减少噪声对人体危害的有效措施之一。操作人员可以戴耳塞、防声耳罩或防声帽等个人防护用品，可降低噪声 10~20dB，保护听力，可使头部、胸部免受噪声危害。

小结

1. 噪声的定义：凡是使人烦躁的、讨厌的、不需要的声音都叫噪声。
2. 噪声的危害

（1）听力损伤；

（2）对交谈、通信、工作思考和生产的干扰；

（3）心理影响；

（4）对身体机能的影响；

（5）对物质结构的影响。

3. 噪声的控制

（1）从声源上控制噪声；

（2）控制噪声传播途径；

（3）用吸声材料降低噪声强度；

（4）用消声器来控制噪声；

（5）采用隔振的方法来减小振动的强度；

（6）佩戴个人防护用品。

测试题 4_5

一、选择题

1. 表示工人在噪声环境中每天工作 2h，容许连续噪声的 A 声级为（　　）dB。

　　A. 80　　　　　　B. 85　　　　　　C. 88　　　　　　D. 91

2. （　　）是控制噪声最根本的办法，它比产生噪声再去治理更为有效和节省资金。

  A. 减少噪声源　　　　　　　　B. 隔离噪声源

  C. 增加吸声材料　　　　　　　D. 采用个人防护

3. 以下减弱噪声的措施中，属于在传播过程中减弱的是（　　）。

  A. 建筑工地上噪声大的工作要限时　B. 市区种草植树

  C. 戴防止噪声的耳塞　　　　　　　D. 市区内汽车禁止鸣喇叭

二、填空题

1. 噪声是影响面最广的一种环境污染，噪声广泛地影响着人们的各种活动。噪声的危害有：听力损伤、_____、_____、_____、_____。

2. 我国《工业企业噪声卫生标准》规定：工业企业的生产车间和作业场所的噪声允许值为_____dB（A）。

3. 在任何情况下，作业场所的噪声最高不许超过_____dB。

4. 当其他消声措施达不到要求时，操作工人可以戴_____，可降低噪声10～20dB，防护听觉，可使头部、胸部免受噪声危害。

5. 从生理学观点讲，凡是使人烦躁的、讨厌的、不需要的声音都叫_____。

6. 减少噪声源或者减小噪声源的_____，是控制噪声最根本的办法，它比产生噪声再去治理更为有效和节省资金。

三、简答题

1. 简述噪声的危害。

2. 空压机是工厂常见设备，其运行中会产生巨大的噪声，请问应该从哪几个方面入手去降低空压机的运转噪声？

参考答案　　　　　　　　在线测试

测试题4_5
参考答案

在线题库-【试卷4_5】

课题六　其他危害及其预防

【知识目标】
1. 了解辐射与电磁辐射的定义。
2. 熟悉电磁辐射的危害和预防措施。
3. 了解中暑的症状。
4. 掌握预防中暑的措施和急救方法。

【能力目标】
1. 能说出电磁辐射的预防措施。
2. 能对中暑的人员进行急救。

【思政目标】
1. 通过学习电磁辐射保护方法，提高防护意识。
2. 具备预防中暑的意识。

案例分析

某宠物诊疗有限公司主要从事动物诊疗业务，有动物专用数字化X射线摄影系统和日立CT设备各1台（套），均属于核技术利用建设项目中Ⅲ类射线装置，于2021年11月起投入使用，但该公司内的X射线、CT均无环保证件。前期，区农业执法大队在对该公司进行核查时，已告知应办理相关环评手续并在设备使用前向其备案，但该公司经营中仍未依法办理射线装置环境影响登记表备案手续，也未办理《辐射安全许可证》。

处理情况：该公司未办理环境影响登记表备案手续使用Ⅲ类射线装置的行为违反了《中华人民共和国环境影响评价法》第二十二条第四款，根据有关规定，责令其备案，并处罚款若干元；同时该公司未办理辐射安全许可手续使用Ⅲ类射线装置的行为违反了《放射性同位素与射线装置安全和防护条例》第十五条的规定，根据有关规定，责令限期改正，并处罚款若干元及没收违法所得若干元。该公司于2022年1月19日办理了建设项目环境影响登记表（X射线装置），2022年3月9日办理了《辐射安全许可证》，完成了整改。

> 案例启发：动物医院使用 Ⅲ 类射线装置仍需办理辐射类环评手续和《辐射安全许可证》。宠物医院在立项经营时，应根据经营范围和内容，参照环保相关法律法规，及时办理各类环保手续，避免违法行为发生。通过案例我们应该了解辐射与电磁辐射，并能熟悉电磁辐射的危害与预防。

一 电磁辐射的危害与预防

1. 辐射与电磁辐射

辐射是指以波或粒子的形式向周围空间或物质发射并在其中传播能量（如声辐射、热辐射、电磁辐射、粒子辐射等）的统称。例如，物体受热向周围发射热量，叫作热辐射；受激原子退激时发射的紫外线或 X 射线，叫作原子辐射；不稳定的原子核衰变时发射出的粒子或 γ 射线，叫作原子核辐射，简称核辐射。

辐射可分为非电离辐射和电离辐射两大类。非电离辐射又称电磁辐射，如无线电波、红外辐射、可见光、微波、紫外线等。波的频率和能量较低，不足以使原子中的电子游离而产生带电的离子。电离辐射通常又称放射性，如 α、β、γ 射线，有足够的能量使受照射物质的原子电离，会对生物体构成损伤，而有效控制辐照则可达到治疗疾病的目的。

电磁辐射随时间变化着的电场和磁场相互转换，形成电磁波。电磁波将能量向周围空间辐射的现象称为电磁辐射。常见的电磁辐射源有各类通信设备、雷达、电视和广播发射装置、工业用微波加热和干燥设备、射频感应及介质加热设备、电磁医疗和诊断设备、高压输变电装置和家用电器等，它们均可产生各种形式、不同频率、不同强度的电磁辐射源。

2. 电磁辐射的危害及其预防措施

电磁污染已被公认为排在大气污染、水质污染、噪声污染之后的第四大公害。联合国人类环境大会将电磁辐射列入必须控制的主要污染物之一。电磁辐射既包括电气设备如电视塔、手机、电磁波发射塔等运行时产生的高强度电磁波，也包括计算机、变电站、电视机、微波炉等家用电器使用时产生的电磁辐射。这些电磁辐射充斥空间，无色、无味、无形，可以穿透包括人体在内的多种物质。

人体如果长期暴露在超过安全的辐射剂量下，细胞就会被大面积杀伤或杀死。

电磁辐射具有引燃引爆、干扰信号、危害人体健康三大危害，对人体的危害包括以下几个方面。

- 可能造成儿童患白血病。
- 能够诱发癌症并加速人体的癌细胞增殖。
- 影响人类的生殖系统，如男子精子质量降低、孕妇流产和胎儿畸形等。
- 影响人们的心血管系统，表现为心悸，失眠，白细胞减少，免疫功能下降等。
- 可导致儿童智力残缺。
- 对人们的视觉系统有不良影响，会引起视力下降、白内障等。

辐射防护有以下三个原则。

① 远离辐射源。
② 尽可能缩短接触辐射源的时间。
③ 在辐射源之间增加屏蔽。

辐射的常见预防方法如下。

（1）距离控制法

一般来说，不论是什么形状的辐射源，只要增大与辐射源的距离，就可以减少受辐射的剂量。因此，在进行放射线作业时，应尽可能地利用遥控装置、长柄工具和机械手，在休息时应尽量地远离剂量率高的"热点"等，都是十分有好处的。

（2）时间控制法

即缩短接触时间。从事或接触放射线工作时，人体受到的外照射的累计剂量同暴露时间成正比，也就是受射线照射的时间越长，接受的累计剂量越大。为了减少工作人员受照射的剂量，应缩短工作时间，禁止在有射线辐射场所做不必要的停留，工作需要时接近放射源，工作完毕立即离开。在剂量较大的情况下工作，尤其在防护条件较差的条件下工作，为减少受照射时间，可采取分批轮流操作的办法，以免长时间受照射而超过容许剂量。

（3）屏蔽法

利用金属板或金属网等良性导体，或导电性良好的非金属形成屏蔽体，使辐射电磁波引起电磁感应，通过接地线导入大地。磁场屏蔽即利用导电率高的材料，如铜或铝，封闭磁力线。

（4）个人防护

从事高频或大功率设备附近岗位操作人员，在某些条件受限制不能采用屏蔽的情况下，必须穿戴专门配备的防护服、防护眼镜和防护头盔等防护用品。

三 中暑的预防

1. 中暑的定义

中暑是指高温环境下，由于热平衡或水盐代谢紊乱等引起的一种以中枢神经系统和/或心血管系统障碍为主要表现的急性疾病。气温过高、湿度大、风速小、体弱、对热不适应、劳动强度过大和时间过长、过度疲劳等，都易诱发中暑。

中暑的症状可轻可重。轻症中暑，可出现头昏、胸闷、心悸、体温升高等。重症中暑，则可出现大量出汗、晕厥、高热，甚至发生意识障碍、嗜睡、昏迷等。

对中暑患者进行及时的处理，一般可很快恢复。发生重度中暑时，应尽快送医院急救，以免引起休克及肾脏衰竭等并发症，导致生命危险。

2. 中暑的预防与急救

（1）预防措施

① 入暑前对从事高温和高处作业的人员进行一次健康检查。凡患持久性高血压、贫血、肺气肿、肾病、心血管系统和中枢神经系统疾病者，一般不宜从事高温和高处作业工作。

② 对露天和高温作业者，应供给足够的符合卫生标准的饮料，如供给含盐浓度 0.1%～0.3% 的清凉饮料。暑期还可供给工人绿豆汤、茶水，但切忌暴饮，每次最好不超过 300mL。

③ 加强个人防护。一般宜选用浅蓝色或灰色的工作服，颜色越浅，阻率越大。对辐射强度大的工种，应供给白色工作服，并根据作业需要佩戴好各种防护用具。露天作业应戴白色安全帽，防止阳光暴晒。

（2）急救方法

① 迅速将病人撤离引起中暑的高温环境，选择阴凉通风的地方休息。解开病人的衣扣、裤带，并使其安静休息。

② 立即喝含盐的凉开水。

③ 降温处理。为患者泼水或用冷水擦身，而不是让他浸入冷水中。泼在皮肤上的水，蒸发较快，以增加降温的效率。如可能，将患者移到有冷气设备的地方。

④ 在额部、颞部涂抹清凉油、风油精等，或服用人丹、十滴水、藿香正气水等中药。

⑤ 如果出现血压降低、虚脱、神志不清，应在实施必要的急救措施的同时，立即拨打"120"急救电话，急送医院抢救。

小结

1. 电磁辐射的危害：具有引燃引爆、干扰信号、危害人体健康三大危害。
2. 辐射防护三个原则
    （1）远离辐射源；
    （2）尽可能缩短接触辐射源的时间；
    （3）在辐射源之间增加屏蔽。
3. 中暑的预防措施
    （1）身体健康检查；
    （2）充足的水分补充；
    （3）加强个人防护。
4. 中暑的急救措施
    （1）远离高温环境；
    （2）立即喝含盐的凉开水；
    （3）降温处理；
    （4）吃中暑治疗药物；
    （5）拨打"120"急救电话。

测试题 4_6

一、选择题

1. 案例分析的事故中人员受伤原因是（　　）。
    A. 电烧伤　　　B. 辐射　　　C. 污染　　　D. 中毒

2. 不属于四大公害污染的是（　　）。
   A. 大气污染　　　B. 水质污染　　　C. 电磁污染　　　D. 土壤污染
3. 不属于辐射的常见预防方法是（　　）。
   A. 传导法　　　B. 时间控制法　　　C. 屏蔽法　　　D. 距离控制法
4. 不属于轻症中暑出现的症状是（　　）。
   A. 头昏　　　B. 昏迷　　　C. 胸闷　　　D. 心悸

二、填空题

1. 凡患持久性高血压、贫血、肺气肿、肾作业病、心血管系统和中枢神经系统疾病者，一般不宜从事_____和_____作业。
2. 辐射可分为_____和_____两大类。
3. 电磁辐射具有_____、_____和_____三大危害。

三、简答题

1. 简述辐射防护三个原则。
2. 简述中暑的预防措施。
3. 简述中暑的急救措施。

参考答案

在线测试

课题七 个人防护用品

【知识目标】
1. 了解个人防护用品的类型。
2. 熟悉个人防护用品的使用场合。
3. 掌握个人防护用品的使用方法。

【能力目标】
1. 能正确选择个人防护用品。
2. 能正确穿戴、使用个人防护用品。
3. 能正确维护个人防护用品。

【思政目标】
1. 提高个人防护意识。
2. 具有良好的个人防护用品的使用习惯。

案例分析

某年 11 月 16 日某厂机修车间管焊二班两名管工,接受拆开已用氮气置换合格的 80125 号液化气槽车大盖的任务。两人拿着氮气置换票核对该车无误后,便开始作业。在移动大盖时,不慎将垫在下面的一把扳手掉进槽车内。其中一人未告诉另一人,在未戴防毒面具又没有采取任何安全措施的情况下,跳进槽车摸扳手。1min 左右,当该管工往上爬时倒下,赶来的班长等人佩戴防毒面具将人救出,终因抢救无效死亡。

想一想 应该如何做才能避免此次事故?

一 个人防护用品的种类

生产过程中存在的各种危险和有害因素,会伤害劳动者的身体,损害健康,甚至危及生命。

个人防护用品（PPE）就是人在生产和生活中为防御物理（如噪声、振动、静电、电离辐射、非电离辐射、物体打击、坠落、高温液体、高温气体、明火、恶劣气候作业环境、粉尘与气溶胶、气压过高、气压过低）、化学（有毒气体、有毒液体、有毒性粉尘与气溶胶、腐蚀性气体、腐蚀性液体）、生物（细菌、病毒、传染病媒介物）等有害因素伤害人体而穿戴和配备的各种物品的总称，也称作劳动防护用品或劳动保护用品。个人防护用品分类见表4.2。

表4.2 个人防护用品分类

1. 头部防护用品类	6. 足部防护用品类
2. 呼吸器官防护用品类	7. 躯干防护用品类
3. 眼面部防护用品类	8. 护肤用品类
4. 听觉器官防护用品类	9. 防坠落用品类
5. 手部防护用品类	10. 其他防护装备品种

劳动防护用品必须符合国家或行业有关标准要求，具有"三证"和"一标志"，即生产许可证、产品合格证、安全鉴定证和安全标志。

二 个人防护用品的正确使用和注意事项

1. 头部防护用品

为防御头部不受外来物体打击和其他因素危害而采取的个人防护用品。

根据防护功能要求，目前主要有普通工作帽、防尘帽、防水帽、防寒帽、安全帽、防静电帽、防高温帽、防电磁辐射帽、防昆虫帽等九类产品。

安全帽由帽壳、帽衬、下颚带和后箍组成。帽壳呈半球形，坚固、光滑并有一定弹性，打击物的冲击和穿刺功能主要由帽壳承受。帽壳和帽衬之间留有一定的空间，可缓冲、分散瞬时冲击力，从而避免或减轻对头部的直接伤害。安全帽在工矿企业、建筑施工现场、高空作业中是必须配备的劳动防护用品。

（1）安全帽的防护作用

① 防止飞来物体对头部的打击。

② 防止从高处坠落时头部受伤害。

③ 防止头部遭电击。

④ 防止化学品和高温液体从头顶浇下时头部受伤。

⑤ 防止头发被卷进机器里或暴露在粉尘中。

⑥ 防止在易燃易爆区内，因头发产生的静电引爆危险。

（2）安全帽的使用维护及注意事项

① 选用与自己头型合适的安全帽，帽衬顶端与帽壳内顶必须保持 20～50mm 的空间，形成一个能量吸收缓冲系统，将冲击力分布在头盖骨的整个面积上，减轻对头部的伤害。

② 必须戴正安全帽，扣好下颚带。

③ 安全帽在使用前，要进行外观检查，发现帽壳与帽衬有异常损伤、裂痕就不能再使用，应当更换新的安全帽。

④ 安全帽如果较长时间不用，则需存放在干燥通风的地方，远离热源，不受日光的直射。

⑤ 安全帽的使用期限：塑料的不超过 2.5 年；玻璃钢的不超过 3 年。到期的安全帽要进行检验测试，符合要求方能继续使用。

2. 呼吸器官防护用品类

呼吸器官防护用品是为防止有害气体、蒸气、粉尘、烟、雾经呼吸道吸入，或直接向佩用者供氧或清净空气，保证在尘、毒污染或缺氧环境中作业人员正常呼吸的防护用具。

呼吸器官防护用品按功能主要分为防尘口罩和防毒口罩（面具），按形式又可分为过滤式和隔离式两类，见图 4.3。

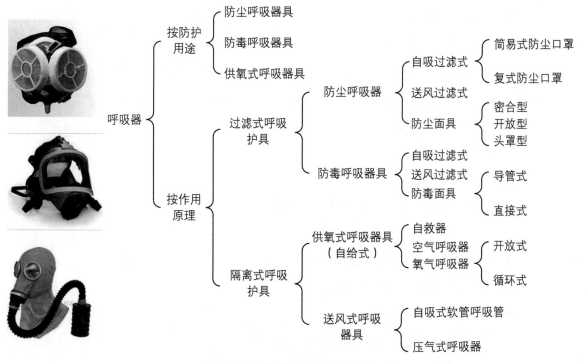

▲图 4.3　呼吸器官防护用品分类

呼吸器官防护用品有充分的防护作用，它的滤料具有对粉尘、毒气充分有效的过滤效果和透气性能；同时，口罩（面罩）和面部接触部分要充分密合，使用时不会渗透进含尘空气和有毒气体等。

（1）选择程序与方法

① 选择程序。

a. 识别有害环境。如果有害环境性质未知、缺氧（氧气含量小于19.5%）、空气污染物浓度未知、达到或超过立即威胁生命和健康浓度（Immediately Dangerous to Life or Health concentration，IDLH浓度）时，应选择配备全面罩的正压式携气式呼吸防护用品或在配备适合的辅助逃生型呼吸防护用品的前提下，配全面罩或密合型头罩的正压式呼吸防护用品。

b. 判定危险程度。空气污染物浓度符合国家职业卫生标准限值时，无需要使用呼吸防护用品；空气污染物超标时，选择指定防护因数（Assigned Protective Factor，APF）大于危害因数的呼吸防护用品。

c. 选择适合的呼吸防护用品。根据空气污染物种类为有毒气体、液体和颗粒物三种状况，以及危害因数的范围来选择呼吸防护用品。

② 选择方法。

a. 呼吸器官防护用品。过滤式呼吸器只能在不缺氧的劳动环境和低浓度毒物污染环境中使用，一般不能用于罐、槽等密闭狭小容器中作业人员的防护。

隔离式呼吸器可在缺氧、尘毒严重污染、情况不明、有生命危险的作业场所使用，一般不受环境条件限制。

我国目前选择呼吸器的原则比较粗，一般根据作业场所的氧含量是否高于19.5%确定选用过滤式还是隔离式，根据作业场所有害物的性质和最高浓度确定选用全面罩还是半面罩。

b. 防尘呼吸防护用品。

（a）按粉尘透过口罩系数来选择。

（b）按国家卫生标准的最高允许浓度来选择。

（c）按粉尘粒直径选择。

（d）按粉尘性质和作业条件来选用。

（e）根据劳动强度大小来选用。

c. 防毒呼吸器官防护用品。

（a）按生产毒物的存在形式来选择。

（b）按生产毒物的来源来选用。

（c）按生产性毒物对人体的危害来选用。

（2）正压式空气呼吸器的使用

正压式空气呼吸器如图 4.4 所示。

① 佩戴空气呼吸器的面罩。拉开面罩头网，将面罩由上向下戴在头上，调整面罩位置，使下巴进入面罩下面凹形内，调整颈带和头带的松紧。

② 检查空气呼吸器面罩的密封。戴上面罩后，用手按住面罩口处，通过呼气检查面罩密封是否良好。

③ 背戴正压式空气呼吸器的气瓶。将气瓶阀向下背上气瓶，通过拉肩带上的自由端调节气瓶的上下位置和松紧，直到感觉舒服为止，扣紧腰带。

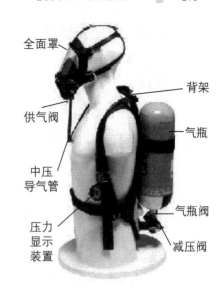

▲图4.4　正压式空气呼吸器

④ 安装空气呼吸器面罩供气阀。将供气阀上的红色旋钮放在关闭位置（顺时针旋转到头），确认其接口与面罩接口啮合，然后顺时针方向旋转 90°，当听到"咔嚓"声时，即安装完毕。

⑤ 正压式空气呼吸器供气阀关闭。当面罩从脸部取下，按下供气阀旁边的橡胶罩按钮，即可关闭供气阀。

⑥ 卸下空气呼吸器。使用结束后，松开颈带和头带，将面罩从脸部由下向上脱下，按下供气开关，解开腰带和肩带，卸下装具，关闭气瓶阀。

使用注意事项如下。

① 使用护具前必须完全打开气瓶阀，同时观察压力表读数，气瓶压力应不小于 25MPa。通过几次深呼吸，检查供气阀性能，吸气和呼气都应舒畅，无不适感觉。

② 佩戴空气呼吸器的面罩不能漏气，要检查空气呼吸器面罩的密封性。

③ 空气呼吸器使用结束后，必须按下供气阀旁边的橡胶罩按钮下供气开关，防止浪费压缩空气。

④ 位于供气阀进气口上配有一个红色旋钮指示器，只有在非常必要时才使用，否则将迅速放空气源。

⑤ 保管温度 5～30℃，距热源 1.5m，远离酸、碱等。

⑥ 听到报警声时（50bar❶），应迅速撤离现场（5～8min）。

---

❶　1bar = 10^5Pa。

3. 眼面部防护用品类

预防烟雾、尘粒、金属火花和飞屑、热辐射、电磁辐射、激光、化学飞溅等伤害眼睛或面部的个人防护用品,称为眼面部防护用品。

根据防护功能,此类防护用品大致可分为防尘、防水、防中击、防高温、防电磁辐射、防射线、防化学飞溅、防风沙、防强光九类。

(1) 作用

① 防止飞溅物、碎屑、灰沙伤及眼睛和面部。

② 防止化学性物品的伤害。

③ 防止强光、微波、激光和电离辐射等的伤害。

(2) 使用注意事项

在进行打磨、切割、钻孔等工作时,必须佩戴防护眼罩,以防止眼睛被飞出的碎片割伤。

4. 听觉器官防护用品类

能够防止过量的声能侵入外耳道,使人耳避免噪声的过度刺激,减少听力损伤,预防噪声对人身引起的不良影响的个体防护用品。听觉器官防护用品主要有耳塞、耳罩和防噪声头盔三大类。

(1) 作用

防止耳部受损(当噪声大于 80dB 时需佩戴)。

(2) 使用方法

洗净双手,先将耳廓向上提拉,使耳腔呈平直状态,然后手持耳塞柄,将耳塞帽体部分轻轻推向外耳道内。不要用力过猛,以自我感觉舒适即可。

5. 手部防护用品类

具有保护手和手臂的功能,供作业者劳动时戴用的手套,称为手部防护用品,通常人们称为劳动防护手套。

劳动防护用品分类与代码标准,按照防护功能将手部防护用品分为 12 类:普通防护手套、防水手套、防寒手套、防毒手套、防静电手套、防高温手套、防 X 射线手套、防酸碱手套、防油手套、防震手套、防切割手套、绝缘手套。

使用注意事项如下。

① 防水、耐酸碱手套使用前应仔细检查,观察表面是否有破损。简易的办法是向手套内吹气,用手捏紧套口,观察是否漏气。漏气则不能使用。

② 橡胶、塑料等类防护手套用后应冲洗干净、晾干。保存时避免高温,并

在制品上撒上滑石粉以防粘连。

6. 足部防护用品类

足部防护用品是防止生产过程中有害物质和能量损伤劳动者足部的护具，通常称为劳动防护鞋。

国家标准按防护功能将其分为防尘鞋、防水鞋、防寒鞋、防冲击鞋、防静电鞋、防高温鞋、防酸碱鞋、防油鞋、防烫脚鞋、防滑鞋、防穿刺鞋、电绝缘鞋、防震鞋等 13 类。

7. 躯干防护用品类

躯干防护用品就是通常讲的防护服。根据防护功能，防护服分为普通防护服、防水服、防寒服、防砸背服、防毒服、阻燃服、防静电服、防高温服、防电磁辐射服、耐酸碱服、防油服、水上救生衣、防昆虫服、防风沙服等 14 类产品。

8. 防坠落用品类

防坠落用品是防止人体从高处坠落，通过绳带，将高处作业者的身体系接于固定物体上或在作业场所的边沿下方张网，以防不慎坠落。

这类用品主要有安全带和安全网两种。

三 掌握个人防护用品的维护和保养

① 劳动防护用品具有一定的有效期限（安全帽 2 年）。

② 需定期检查或维护（安全带每 12 月检查一次）；呼吸面罩的滤盒及滤棉均需定期更换。

③ 经常清洁保养（工作服、安全鞋、呼吸面罩等）。

④ 不得任意损坏、破坏劳防用品，使之失去原有功效。

小结

1. 个人防护用品就是人在生产和生活中为防御物理、化学、生物等有害因素伤害人体而穿戴和配备的各种物品的总称。
2. 个人防护用品的分类：① 头部防护用品类；② 呼吸器官防护用品类；③ 眼面部防护用品类；④ 听觉器官防护用品类；⑤ 手部防护用品类；⑥ 足部防护用品类；⑦ 躯干防护用品类；⑧ 护肤用品类；⑨ 防坠落用品

类;⑩其他防护装备品种。

3. 呼吸器官护具类的分类：按功能主要分为防尘口罩和防毒口罩（面具），按形式又可分为过滤式和隔离式两类。

测试题 4_7

一、选择题

1. 防尘口罩属于（　　）。
   A. 头部防护用品　　　　　　B. 手足防护用品
   C. 面部防护用品　　　　　　D. 呼吸防护用品

2. 应注意在有效期内使用安全帽，塑料安全帽的有效期限为（　　）。
   A. 1年半　　　　　　　　　B. 2年
   C. 2年半　　　　　　　　　D. 3年

3. 防噪声用品称为（　　）。
   A. 防目镜　　　　　　　　　B. 防护服
   C. 护耳器　　　　　　　　　D. 呼吸器

4. （　　）是保护人身安全的最后一道防线。
   A. 个体防护　　　　　　　　B. 隔离
   C. 避难　　　　　　　　　　D. 救援

5. 过滤式防毒面具适用于（　　）。
   A. 低氧环境　　　　　　　　B. 任何有毒性气体环境
   C. 高浓度毒性气体环境　　　D. 低浓度毒性气体环境

二、填空题

1. 自给式呼吸器分为三种：_____、_____、_____。
2. 工作服穿戴要做到"三紧"：_____、_____和_____。
3. 一般根据作业场所的氧含量是否高于_____确定选用过滤式还是隔离式，根据作业场所有害物的性质和最高浓度确定选用全面罩还是半面罩。
4. 操作转动机器时要求女工戴_____，但不能戴手套。
5. 从事易燃、易爆岗位的操作员工，应穿_____工作服。

三、简答题

1. 简述眼面部防护用品的作用。
2. 个人防护用品分哪几类？

参考答案

在线测试

▶ 在线题库-【试卷4_7】◀

实训六
个人防护用品的选择与使用

实训介绍

作为检修工的你将对一段管道进行打磨作业,请利用所学知识选择和穿戴个人防护用品,以安全地完成打磨作业。

实训内容

活动1:知识铺垫

补全下面个人防护用品相关内容。

个人防护用品分类表

1. (　　) 防护用品类	6. (　　) 防护用品类
2. 呼吸器官防护用品类	7. (　　) 防护用品类
3. (　　) 防护用品类	8. 护肤用品类
4. (　　) 防护用品类	9. 防坠落用品类
5. (　　) 防护用品类	10. 其他防护装备品种

劳动防护用品必须符合国家或行业有关标准要求,具有"三证"和"一标志",即_____、_____、_____和_____。

活动2:潜在危险因素分析

根据本任务的情境,写出打磨作业的危险因素,提出防护措施,完成下表。

序号	危险因素	危害后果	防护措施
1			
2			
3			
4			
5			
6			
7			

活动3：个人防护用品的选择及使用

【1】根据任务情境，选择和穿戴个人防护用品，以安全地完成打磨作业。你所选择的个人防护用品是（　　　）。

A. 安全帽　　　　　B. 防冲击防护眼镜　　　　C. 耳塞　　　　　D. 防护耳罩
E. 防化手套　　　　F. 帆布手套　　　　　　　G. 防化靴　　　　H. 安全鞋
I. 防尘口罩　　　　J. 安全带　　　　　　　　K. 空气呼吸器　　L. 工作服

【2】实际操作：穿戴使用个人防护用品。

【3】操作评价

任务		个人防护用品的选择与使用			考核时间/min				10
评价要素	配分	等级	评分细则	评定等级					得分
				A 50	B 40	C 30	D 20	E 0	
1　个人防护用品的选择	50	A	选对五个以上						
		B	选对三个						
		C	选对两个						
		D	选对一个						
		E	未答题						
2　个人防护用品的佩戴使用	50	A	佩戴正确、熟练						
		B	正确但不熟练						
		C	熟练但不正确						
		D	不正确、不熟练						
		E	未答题						
合计配分	100		合计得分						

参考答案

实训六　答案参考

参考文献

[1] 孙世梅. 机电安全技术[M]. 北京：中国建筑工业出版社，2016.

[2] 刘景良. 化工安全技术[M]. 北京：化学工业出版社，2016.

[3] 胡迪君，张海霞. 化工安全与清洁生产[M]. 北京：化学工业出版社，2015.

[4] 孙玉叶. 化工安全技术与职业健康[M]. 北京：化学工业出版社，2015.

[5] 万端极，李祝，皮科武. 清洁生产理论与实践[M]. 北京：化学工业出版社，2015.

[6] 国家安全生产监督管理总局，信息研究所. 新员工安全生产知识[M]. 北京：煤炭工业出版社，2015.

[7] 胡兴志. 机电安全技术[M]. 北京：国防工业出版社，2011.

[8] 孙超，佟瑞鹏. 企业环境污染事故应急工作手册[M]. 北京：中国劳动社会保障出版社，2008.

[9] 邢娟娟，陈江. 劳动防护用品与应急防护装备使用手册[M]. 北京：航空工业出版社，2007.

[10] 王国华，任鹤云. 工业废水处理工程设计与实例[M]. 北京：化学工业出版社，2004.